形象设计与创意

主 编 肖宇强 范 丽

东南大学出版社
·南京·

图书在版编目(CIP)数据

形象设计与创意 / 肖宇强,范丽主编. —— 南京：东南大学出版社,2018.6
ISBN 978-7-5641-7564-1

Ⅰ.①人… Ⅱ.①肖… ②范… Ⅲ.①人物形象—设计 Ⅳ.①B834.3

中国版本图书馆 CIP 数据核字(2017)第 319550 号

形象设计与创意

出版发行：	东南大学出版社
社　　址：	南京市四牌楼 2 号　邮编：210096
出 版 人：	江建中
责任编辑：	史建农
网　　址：	http://www.seupress.com
电子邮箱：	press@seupress.com
经　　销：	全国各地新华书店
印　　刷：	丹阳市兴华印刷厂
开　　本：	787mm×1092mm　1/16
印　　张：	8.75
字　　数：	213 千字
版　　次：	2018 年 6 月第 1 版
印　　次：	2018 年 6 月第 1 次印刷
书　　号：	ISBN 978-7-5641-7564-1
定　　价：	30.00 元

本社图书若有印装质量问题,请直接与营销部联系。电话：025-83791830

前　言

　　人物形象设计是一门融合美学、色彩、化妆、服饰、创意设计的综合学科。在日新月异的新时代，人们对于自我和他人的形象提出了更高的要求。为了满足人们对良好形象的追求和塑造，各高等院校纷纷开设了与人物形象设计有关的专业或课程，以培养满足社会需要的形象设计专业人才。本书即在这一背景下应运而生，内容包含人物形象设计概述、人物形象设计色彩基础、妆容形象设计与创意、发式形象设计与创意、服饰形象设计与创意、人物形象设计的原则与风格、人物形象设计创意思维与作品赏析等七个部分。本书由高级化妆师、湖南女子学院艺术设计系肖宇强老师和金陵科技学院艺术学院范丽老师共同担任主编，是作者结合多年的形象设计课程教学与实践中的经验，并在收集、吸纳了大量国内外最新相关成果资料基础上完成的。全书信息量大、图文并茂、深入浅出，力求通过对人物形象设计基础理论知识和实践操作内容的介绍，培养学习者理性认知指导下的感性认知和创造性思维能力及造型设计能力，从而构建起以妆容形象设计、发式形象设计、服饰形象设计为主体的整体形象设计能力。

　　本书可作为高等院校人物形象设计、服装与服饰设计专业的教材使用，亦可作为形象设计行业及社会非专业人士的指导参考用书。

编者

2017 年 9 月

目 录

第一章　人物形象设计概述 …………………………………………………… 1

第二章　人物形象设计色彩基础 ……………………………………………… 5
　第一节　色彩的概念、分类及属性 …………………………………………… 5
　第二节　色彩的表情与视觉心理效应 ………………………………………… 9
　第三节　色彩的搭配 …………………………………………………………… 17
　第四节　个人与四季色彩理论 ………………………………………………… 21

第三章　妆容形象设计与创意 ………………………………………………… 29
　第一节　头面部骨骼及五官比例 ……………………………………………… 29
　第二节　化妆用具及基础化妆步骤 …………………………………………… 31
　第三节　具体化妆技法及注意事项 …………………………………………… 35
　第四节　妆容的分类与创意塑造 ……………………………………………… 41

第四章　发式形象设计与创意 ………………………………………………… 51
　第一节　发质、发式的分类与塑造 …………………………………………… 51
　第二节　发式与人体的关系 …………………………………………………… 62
　第三节　发式与服装的关系 …………………………………………………… 67

第五章　服饰形象设计与创意 ………………………………………………… 70
　第一节　服装的定义与分类 …………………………………………………… 70
　第二节　服装设计的三要素 …………………………………………………… 71
　第三节　形象设计中常用服装介绍 …………………………………………… 72
　第四节　服装与人体的关系 …………………………………………………… 75
　第五节　服饰搭配技巧 ………………………………………………………… 79

第六节　形象设计中常用饰品与搭配 ………………………………………… 86

第六章　人物形象设计的原则与风格 ………………………………………… 96
　　第一节　人物形象设计的基本原则 …………………………………………… 96
　　第二节　人物形象设计的风格塑造 …………………………………………… 99

第七章　人物形象设计创意思维与作品赏析 ………………………………… 112
　　第一节　人物形象设计的形式美要素与法则 ………………………………… 112
　　第二节　人物形象设计的创造性思维 ………………………………………… 116
　　第三节　人物形象设计的灵感来源与获取 …………………………………… 117
　　第四节　人物形象设计的创作流程 …………………………………………… 120
　　第五节　人物形象设计的构思与表现 ………………………………………… 122
　　第六节　不同类别的人物形象设计创意与赏析 ……………………………… 126

参考文献 ………………………………………………………………………… 131

后记 ……………………………………………………………………………… 132

第一章　人物形象设计概述

一、人物形象设计的定义和内涵

人物形象设计是指以个体人物为目标的一种创造性设计活动,又可称为"整体形象设计"或"整体造型设计",是一种对个人整体形象再创造的过程。随着人们对自身美的需求,人物形象设计也逐渐成为一门新兴的专业和设计学科方向,其所涉及的内容包含美容、化妆、发型、服饰、形体等外在要素,同时也包括人自身的风度礼仪、个性气质、审美素养等内在因素。与人物形象设计相关或渗透交叉的学科有美学、色彩学、设计学、服装学、生理学、心理学、文化学等。人物形象设计是艺术与技术的结合,其实现不仅需要相应的理论知识,还需要熟练的技术和技巧。

二、人物形象设计的历史及发展

形象设计的起源是随着人类的诞生开始的。从诞生的那一刻起,人类就在生存的压力下发明了各种器具,如刮刀、骨针,并将狩猎到的兽皮、树皮用骨针缝制,作为服装,将贝壳、兽牙等作为战利品穿戴在身上,以显示自己的力量,同时恐吓猎物与敌人。随着人类的发展、社会的变迁,出现了氏族与部落,各个氏族与部落之间都有着明显的差异,如一些部落的居民们会在脸上进行彩绘,在身上进行文身、刺青、刻镂,并用鲜艳的动物羽毛或皮毛作为私密部位的遮挡及装饰等。随后人们有了他、我的意识,各人群、种族都有了自己独特的语言、宗教信仰,表现在形象上,即不同的民族会有自己独特的服装、饰品、发式、行为和审美情趣(图1-1)。所以,形象设计是伴随着人类的进化和民族的演变所形成的,是原始艺术与人类审美心理文化的产物。

图1-1　印第安人的身体装饰

随着人类的不断进化和社会文明的发展,人们对于外在形象的要求越来越明确,形象设计在社会交往中的作用显得越来越重要。这是社会物质文明与精神文明高度发展的结果,也是人的心理需求的最高层面——自我价值实现的需要。作为人类一种新兴的文化形态,形象设计的目的就是装饰、美化个体,增加人体的美感。实际上,美化个体形象也就是美化群体、美化社会。据美国的报道,一个国家的人群对于自己形象要求的高低也决定着这个国家经济水平和文明水平的高低。所以,形象设计是社会精神文明的需求,是人类物质文明发展的需要,也是未来世界和社会的需要,有着广泛的发展空间(图1-2)。形象设计行业因而被誉为21世纪的朝阳产业之一,形象设计师也被纳入高收入人群范围。

图1-2 当代个人的形象设计

三、人物形象设计的内容涵盖

（一）妆容形象设计

主要从脸形、五官入手，分析不同脸形的优点和缺点、不同五官比例之间产生的视觉差，并通过化妆技巧来弥补缺陷、强化优点，通过妆容的点缀及色彩的视错觉营造良好的面容形象，提升美感。

（二）发式形象设计

主要从发型的种类和风格入手，寻找到与脸形相配的发型。还可运用现代的流行技术手段，如染发、烫发、接发来实现发色、发质及发量的改变，以达到与脸形、妆容、身材相匹配的完美发式。

（三）服饰形象设计

主要从个人的身形体态入手，分析不同人的身体特征、比例关系，寻找其适合及最佳的服饰装扮风格，包括服装的款式、风格、面料设计及色彩搭配，配饰的造型、色彩、材质与服装、人体的匹配等。

需要注意的是，上述三方面内容只是人物形象设计所涉及的三个最重要的部分，并不是全部。因为人物形象设计是一个有机的整体，所以妆容、发式与服饰三个部分都是相互影响、互相制约和依存的，某一个部分的改变或者调整都将影响到其他两个方面因素的变化，我们必须在整体系统的观照下来进行全方位的设计与创意（图1-3）。此外，形象设计中个人的内涵要素，如气质、经历、学识、情感等，却是无法用设计来实现的，只能依靠个人主体在良好的学习环境和社会环境中培养与逐步完善，以达到内外兼修的境界。

图1-3 人物形象设计的整体性

四、人物形象设计的分类

大千世界，人的形象千千万万，根据不同的人种、性别、年龄、角色等，可以对其进行不同的形象设计分类。如在性别上，有男性形象设计、女性形象设计；在年龄上，可分为青年形象设计、中老年形象设计；按照职业或角色，可分为生活形象设计、工作形象设计、演出形象设计。本书根据职业或角色对人物形象设计进行分类，分为职业形象设计、社交形象设计、运动形象设计、休闲形象设计、演出形象设计等，并在后续的章节中加以具体说明。

五、人物形象设计的原则

人物形象设计要全方位、多维度地观照人体，进而美化人体，包括从人体的细小局部到整体，从修饰缺陷到强化整体形象的美感，从外在容貌的修饰到内在气质的提升等。人物形象设计需要把握TPO原则。TPO即时间"Time"、地点"Place"和对象或目标"Object"的英文首字母缩写。TPO原则强调在形象设计中，必须从个人出现的时间、出现的地点、所在的场合来考虑，无论是妆容、发型或服饰都应力求与人存在的时间、地点、场合、目的协调一致，这样才能保证整体的形象设计完美、和谐。

六、人物形象设计师的职业要求

随着人物形象设计这一新兴学科的产生，形象设计行业也逐渐成为社会的朝阳产业，从事形象设计的人员越来越多。但由于人物形象设计行业的入门门槛低，过去都是由一些美容美发行业的人员转行而来，所以目前整个形象设计行业人员的知识结构和理论素养并不高。通过之前的介绍，我们了解到形象设计是一种为人的美而进行创意设计的综合艺术门类，其涉及多门学科交叉和多种实践技巧等内容，这就要求作为一名合格的人物形象设计师，必须具备以下方面的知识与能力。

（一）专业知识

人物形象设计是一项具有专业性的系统工程组织设计。形象设计师是决定整体人物造型设计、艺术统筹、风格审美的关键。形象设计师必须具有专业的能力和素质，掌握化妆设计技巧、美容美发设计技术、服装与饰品的设计与搭配技巧等，还需要从个人内在的风度气质、社交礼仪、文化修养、礼宾常识等方面来进行个人综合的全方位美的提升，并能在不同环境、不同要求、不同场合、不同层次的条件下进行不同的人物形象设计。此外，设计师还需经常关注国内外美容化妆潮流动向、服饰流行风格、艺术流派的发展等，锻炼出敏锐的观察力和鉴赏力，将新时期的新时尚、新潮流、新技术带入个人形象设计的创作中。

（二）艺术素养

人物形象设计是一种艺术性的创造性活动，这就对形象设计师的艺术素养提出了一定要求。艺术素养需要靠一定的天赋，但提高艺术素养还需要靠一定的专业艺术训练和平时的积累。训练可以从教师的课堂教学、各种艺术培训和书籍中获取，而平时的积累则要求我们眼观六路、耳听八方，如自然界中的花鸟、树木，不同的艺术设计形式，装饰器物，丰富的民族和民俗题材，音乐、舞蹈、电影、诗歌、文学，甚至现代的流行生活方式等，都可以给我们很好的启迪和设计灵感。将这些灵感化作形象设计中的元素，就必须依靠我们的想象力和独创性思维，只有通过不断的学习、练习、实践，才能做到厚积薄发。

(三) 合作精神

人物形象设计是一项综合性的设计形式,有时候完成一个形象设计并不只是依靠个人的力量,往往是众多人合作的结果。在设计领域,多一个人的参与就多一种思维和观念,因此,许多设计类别都有团队合作的形式,人物形象设计也不例外。通过团队分工合作与资源共享,可以最大限度地提高设计的效率、扩展设计思维。如负责化妆的设计师、负责发型的设计师和负责服饰搭配的设计师从各自最擅长的领域出发,共同为了一个目标而努力,这样才会实现成果的最优化。而现代的商业设计已经慢慢从单纯的艺术创作转变为服务于大众的设计,良好的人际交往与社交能力无疑也是人物形象设计师必须具备的素质。对于形象设计师来说,应具有良好的沟通与交流能力,只有通过团队的合作,吸收来自于不同方面的信息,才能不断发展壮大自己,创造出优秀的形象设计作品(图1-4)。

图1-4 优秀的形象设计作品

总的来说,要想成为一名优秀的形象设计师,就要在实践中不断摸索、不断学习。要具备广博的知识和阅历,学习掌握不同的设计表现手法、造型技巧;学习了解不同材料的性能和特点,并探索其新颖的用途;平时还要在生活中养成多观察、多记录的习惯。一位成功的形象设计师,其成就与辉煌是与其个人禀赋和刻苦学习、长期训练、坚持不懈的精神分不开的。

第二章 人物形象设计色彩基础

第一节 色彩的概念、分类及属性

一、色彩的概念

美国光学学会(The Optical Society of America, OSA)的色度学委员会对色彩的定义是:"色彩是除了空间和时间的不均匀性以外的光的一种特性,即光的辐射能刺激视网膜,使观察者通过视觉而获得的景象。"在我国国家标准中,将色彩定义为光作用于人眼引起除形象以外的视觉特性。人的色彩感觉是由光源、有色物体、眼睛和大脑形成的一条信息传输途径,这也就构成了人们视觉中色彩感知的四大要素(图2-1)。光源的辐射和物体的反射属于物理学范畴,而大脑和眼睛的感应却是生理学研究的内容,但是色彩永远是以物理学为基础的,而色彩感觉也包含着色彩对人的心理和生理作用的反映,使人产生一系列的对比与联想。这四大要素不仅使人产生色彩感觉,而且也是人们能正确地判断色彩的条件。在这四大要素中,如果有一个环节出现问题或者发生变化,那么色彩的呈现也必然发生变化。总的来说,色彩感觉不仅与物体本来的颜色特性有关,而且还受时间、空间、外表状态以及该物体周围环境的影响,同时还与各人的经历、记忆力、审美和视觉灵敏度等因素有关。

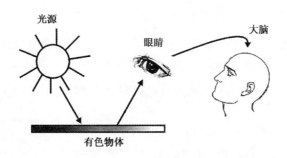

图2-1 色彩形成的关系示意图

二、色彩的分类

据科学统计,人的肉眼可以分辨出的颜色多达七百万种,若要细分它们的差别,或对这些色彩进行命名是十分困难的。因此,色彩学家将色彩以其不同的属性来进行综合描述。要理解和运用色彩,必须掌握色彩归纳整理的原则和方法,而其中最主要的是掌握色彩的种类和属性。

色彩可分为无彩色和有彩色两大类(图 2-2)。无彩色包括黑、白、灰三类颜色。我们从光的色谱上见不到这三种色彩,色度学上称之为黑白系列。然而在心理学上它们却有着完整的色彩性质,在色彩体系中扮演着重要的角色,在颜料中也有其重要的任务。例如当一种颜料混入白色后,会变得明亮;相反,混入黑色后就变得深暗;而加入黑与白混合的灰色时,将失去原有的色彩纯度。有彩色是指光谱上显现出的红、橙、黄、绿、蓝、紫等颜色,以及它们之间互相混合、调和的色彩(其中还包括由纯度和明度的变化形成的各种色彩)。

光谱中的全部色彩都属于有彩色。有彩色是无数的,它以红、橙、黄、绿、蓝、紫为基本色。基本色之间不同量的混合,以及基本色与黑、白、灰色之间不同量的混合会产生成千上万种有彩色。在有彩色中,红、黄、蓝是三原色,这是因为红、黄、蓝三色可以两两混合得出其他所有的色彩。然而,其他的颜色却不能还原形成红、黄、蓝三种颜色,在这种意义上,我们称其为原色或母色。绿色、橙色和紫色是由三原色的两两相混所得出的第二次色,所以又称为间色。原色和间色包括了光谱中所有纯色的颜色,所以这些颜色被称为基本色。

图 2-2 无彩色与有彩色

三、色彩的属性

(一) 色相

色相是指色彩所呈现出的外貌特征。由于不同波长的光波呈现出不同的色彩表现,对这种表现赋予名称,就形成了如红、黄、蓝的色名,所以色彩的名称就是依据色彩的色相来定名的。色相是色彩三属性中最明显、最积极、最活跃的因素。

牛顿用三棱镜将一束白光分解为多种颜色,于是就形成了最基本的几种色相,即红、橙、黄、绿、蓝、紫。在这六种基本色中分别插入 1~2 个中间色,按光谱顺序排列,就形成了红、红橙、橙、黄橙、黄、黄绿、绿、蓝绿、蓝、蓝紫、紫、红紫,共十二个色相(图 2-3)。如果进一步再找出其中间色,便可以得到二十四色相、三十六色相。如果将光谱中的红、橙、黄、绿、蓝、紫诸色首尾相连,以环行排列,即构成环形的色相关系,称为色相环。根据色相排列的多少,可以得到十二色相环、二十四色相环等。色相环上距离的长

图 2-3 基本色色相(环)

短、角度的大小决定色相间的对比关系。两色距离越近,角度越小,对比的效果越弱;反之越强。色彩亦有冷、暖之分,从色相环正中经过圆心画一条对角线,位于蓝色一边的色系可以称为冷色系,位于红橙色一边的色系就称为暖色系。

(二) 明度

明度是指色彩的深浅、明暗程度。各种有色物体由于它们的反射光量的区别而产生色彩的深浅和明暗变化。色彩的明度通常表现为两种情况:一是同一色相不同明度。如同一颜色在强光照射下显得明亮,弱光照射下则显得灰暗模糊;同样的一个颜色加入黑色或白色也能产生各种不同的明暗层次。二是不同颜色(色相)的不同明度。每一种纯色都有与其相对应的明度。在有彩色中,黄色明度最高,紫色明度最低,红、绿色的明度适中(图2-4)。明度在色彩的三要素中起着重要的核心作用,它能表现色彩的明暗层次变化,能有效地表达物体的空间感、立体感和光影效果。色彩的明度也可用黑白度来表示,明度越高,即越接近白色;反之亦然。

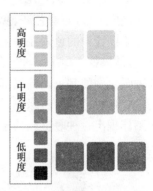

图 2-4 无彩色和有彩色的明度对应图

(三) 纯度

纯度是指色彩的纯净程度,也称为色彩的饱和度或彩度。一般说来,色相环中各种基本色相(即纯色)的纯度是最高的。当这一色彩掺入其他任何色彩后,其纯度就降低,若加入的一种色彩的比例达到很高时,在人的肉眼看来,原有的颜色将几乎失去本来的光彩,而变成加入色的颜色了(图2-5)。当然,这并不等于说在这种混合的颜色里已经不存在原来的色素,而是由于大量加入其他的色彩使原有的色素被同化,人的眼睛已经无法分辨出来。如两种色彩所调和成的灰色就是纯度最低的颜色,因为其混合了各种色彩,从而让自己变得没有任何的色彩倾向了。

图 2-5 色彩纯度变化图

总的来说,色相、明度、纯度是色彩中最重要的三个要素,也是色彩最基本的构成要素。只有有彩色才具备色彩的三大要素:色相、明度、纯度。这三种要素虽有相对独立的特点,但又是相互关联、相互制约、不可分割的,只有色相而无纯度和明度的色彩是不存在的;同样,只有纯度而无色相和明度的色彩也是不可能的。因此,在认识和应用色彩时,必须同时考虑色彩的这三个重要属性。

(四) 色调

在色彩的概念中,还有一个常用的词语,即色调。色调是整体色彩外观的重要特征和基本倾向。色调由色彩的色相、明度、纯度三要素综合构成,其中某种因素起主导作用就可以称为某种色调。从色相上来看,有红色调、蓝色调等;从明度上分,有明色调、暗色调等;从纯度上看,有鲜色调、灰色调、浊色调等;从色彩的冷暖上分,有冷色调、暖色调(图2-6)。形象设计中的色调在一定程度上体现设计者的审美情感。如将一种冷色加到另一种冷色上,结果就产生了一种冷色调的颜色;同样,如果把一种暖色加到另一种暖色上,就产生一种暖色调的颜色。例如:加入蓝色的绿色就是一种冷色调的水绿色,而加上黄色的绿色就是一种暖色调的黄绿色;加入蓝色的红色体现出一种冷色调的紫红色,而加入黄色的红色则体现出一种暖色调的橙红色等。

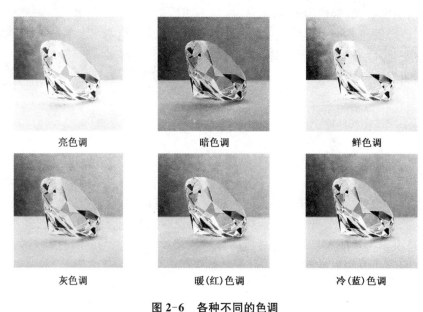

图 2-6 各种不同的色调

(五) 色立体

色立体是把色彩的三要素系统地排列组合成一个立体形状的色彩结构模具的称谓。色立体对于色彩的整理、分类、表示、记述,以及色彩的观察、表达、提取、应用都有很大的作用。图2-7、图2-8就是蒙赛尔(Albert H. Munsell)色立体的基本结构及外观效果图,它以明度阶段为中心垂直轴,往上明度渐高,以白色为顶点,往下明度渐低,直到黑色为止。其次由明度轴向外延伸出水平方向的纯度阶梯,愈接近明度轴,纯度愈低;愈远离明度轴,纯度愈高。各明度阶段都有同纯度阶梯对应的色彩。因此,就构成了某一种色相的等色相面,据此可以分析出一个色彩在色立体中色相、纯度、明度的位置与关系。色相环也可以看成是色立体最外层一圈关系的平面图。

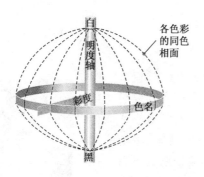
图 2-7　蒙赛尔色立体基本结构

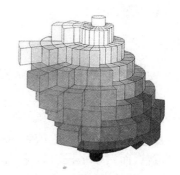
图 2-8　蒙赛尔色立体效果图

第二节　色彩的表情与视觉心理效应

人们从自己的生活经历、发展历程中体验过各种各样与物、与现象密切相联系的色彩，所以，当看到某一种色彩时，我们就能想象到此色彩所对应的物体。人是具有高级思维活动的动物，人的感知会与心理、生理、情绪、联想等形成对应的联想关系。色彩分为冷暖色，冷色给人冷淡、幽静的感觉，暖色给人热烈、奔放的感受。但色彩的这种特性事实上是色彩带给人的心理感受，并不是一个色彩所具有的实际温度，即冷暖色是人们对色彩印象的心理感应并通过联想概括出来的。在这里，色彩体现出一种人格化的移情作用，它具有不同的性格和表现力。色彩的联想因人而异，但综合来说，人们的共同经验对色彩能产生共同的情绪和印象。人又是群体性的动物，由于气候、风土、习惯和民族渊源不同，人们处于不同的社会群体中，不同的经济环境、生活经历和文化背景会让人们对同一色彩产生不同的印象和感情。

一、色彩的表情

（一）红色

红色作为三原色之一，是最为大众所熟知的颜色。意大利时装设计大师瓦伦蒂诺（Valentino）曾说过："红色是一种迷人的色彩，它象征了生命、鲜血与死亡，爱与同情，是治疗哀怨的良方。"在光谱中，红色的光波最长，是最醒目的一种色光，很容易引起人们的视觉注意，如交通信号灯的红色就代表警示、危险和提示的作用。红色给人的印象还有温暖、浪漫、性感、富有挑战性等。红色极具活力感，它是中国人最喜爱的颜色之一，在庆典和重大喜庆场合都会使用红色的对联、灯笼、地毯、贴花、剪纸等，以示吉祥如意（图2-9）。红色与其他色彩融合往往能形成多种色彩表情，如与白色融合就形成了粉红，与黑色融合就形成了深红，与蓝色融合就形成了紫红、玫红等，而红色与其他任何颜色的搭配都能取得惊艳、华丽的视觉效果，这些不同的视觉感受可以

图 2-9　红色表情

灵活运用于人物形象设计中。

(二) 黄色

黄色是一种极其醒目的颜色，作为三原色之一，其波长仅次于红色和橙色。黄色代表着光明，所以它是暖色系中最重要的颜色。任何颜色加入黄色都能变得暖意浓浓。黄色在中国一直都被视作一种高贵的颜色，它是中央集权、皇权的象征。如皇室宫廷中，帝王的器具、服饰都是黄色，而对于平民百姓来说，黄色是被禁用的颜色。在人物形象设计中，黄色常被用于眼妆、细节的装饰和点缀（图2-10）。但是黄色的服装对人的肤色有一定要求，对于皮肤白皙而红润的人来说，各种黄色对他们来说都适合，特别是淡黄色服装能衬托出白皙肤质的美感；而如果肤色偏冷、带青，那就不适宜穿着黄色了，因为其会反映在脸上，让人的肤色呈现病态的感觉。大面积黄色的单独使用有时会给人一种焦虑的感觉，黄色一定要和其他色彩进行搭配与呼应，才能发挥出其独特的魅力。

图2-10　黄色表情

(三) 蓝色

蓝色是三原色之一，也是在生活中使用较多的色彩，其光波较短，所以具有后退感。蓝色是天空、海洋的颜色，其象征着理智与清醒，所以常常能与冷静、沉着、博大等品质联系起来，蓝色也就成了冷色的代表。蓝色是大多数人都喜爱的颜色，因为蓝色单独使用或与其他颜色搭配都能取得较好的效果。蓝色的渐变层次很多，它也是最富多样性的深中性色之一。如深蓝与浅蓝的搭配，整体而优雅；藏蓝色常被用在医院的特别护理病房里，起到一种镇静色的作用；海军蓝与白色的组合使我们想起干练的航海服。在形象色彩设计中，蓝色的运用范围很广，如眼影色、眼线色、发色、饰品色等，可以塑造出冷峻惊艳的形象（图2-11）；在服装上，最有代表性的蓝色服装就是牛仔装，其不仅代表着西方人开拓进取的精神，也象征着现代粗犷的风格，常用在中性风格或硬朗造型的形象设计中。

图2-11　蓝色表情

(四) 橙色

橙色是三间色的代表，红与黄经过混合就形成了橙色，所以橙色兼具红色的热情与黄色的明亮，是暖色系中的极暖色，象征着太阳的光芒。橙色在中国古代称为朱色，是富有和华贵的象征。橙色的表情很丰富，加入白色的橙色清淡、柔和，加入黑色的橙色具有棕色的味道，给人深沉、典雅的韵味。橙色由于其光波较长，很容易吸引人的目光，所以在一些警示和标志性的服饰、指向牌上通常会使用橙色。由于橙色看上去犹如橙汁一般可口，所以也成为最有食欲的象征色之一，经常作为快餐店的装潢色及食品包装或盛食物器具

图2-12　橙色表情

的色彩。橙色可以作为女性化妆色彩中腮红色、眼影色、唇色等，极具感染力（图2-12），橙色还特别适用于泳装和沙滩装。橙色的色相若转变为杏红或珊瑚红时，能给女性带来优雅、浪漫的气息；男性穿着橙色，特别是橙色与黄色、绿色等进行搭配作为运动服的设计时，能展现一种大气、活泼的运动时尚气质。

（五）绿色

玛格丽特·米切尔（Margaret Mitchell）在她的《飘》中是这样形容斯佳丽（主人公）的出场的："她的眼珠子是一味的淡绿色，不杂一丝儿的茶褐。"那双"骚动不宁的、慧黠多端的，洋溢着生命的（绿色眼睛）"便是斯佳丽的性格写照。的确，绿色是自然界中生意盎然的颜色，象征着和平与希望。绿色是初春的色彩，具有生命力，充满活力和青春朝气。绿色的光波适中，色料中的绿色是由黄色与蓝色调和而成，所以绿色是一种中性色，也是第二次色（间色）。经常看绿色的东西能减轻眼睛的视觉疲劳，令人舒适与松弛。如在医院的病房或手术室中，墙面和医生的手术服通常是绿色的，它能让病人情绪稳定，让医生的视觉得到调节。在人物形象设计的妆面中，绿色不常用，仅可作为眼影、饰品色彩，但在表现生

图2-13　绿色表情

态与自然的创意妆面中，绿色可发挥其独特的魅力（图2-13）。绿色也可以与其他颜色和谐搭配，如在服装中，绿色和白色搭配有清雅、雅致之感；绿色与黄色搭配则具有明亮青春的气息；绿色与蓝色的搭配能尽显成熟稳重，若用绿色与其对比色红色进行搭配（需进行双方面积的改变，对双方色彩属性如明度、纯度进行相应的变化调整）也会有意想不到的惊艳效果。

（六）紫色

紫色的光波最短，其视觉感较弱，所以它是所有色彩中明度最低的颜色。在古代，紫色染料是从一种软体动物身体中提炼出的，所以价格非常昂贵，常成为皇室与贵族服饰、器物上的专用色。紫色的英文为"Purple"，最早就是帝王、皇权贵族的意思。在古希腊，紫色还是神的代表色，它是众神之王宙斯的颜色；在古罗马，它也是主神朱庇特的化身。在我国隋唐，紫色是三品以上官服的颜色，还有"紫气东来"的说法，这些都证明了紫色在东西方都具有较高的地位。但是在现实生活中，由于紫色的色性很容易发生变化，所以较难和别的颜色进行搭配。紫色是蓝色与红色的混合，属不冷不热的中性色，偏红时，就带有暖味；偏蓝时，就带冷味。而加入黑色或白色后的深紫和浅紫色，对人的肤色有较高的

图2-14　紫色表情

要求，如紫色经白色亮化就成为淡紫色，这种颜色适合于白皙的皮肤。如果用深紫色来做晚礼服或眼影色，则能充分衬托出女性的性感与高雅（图2-14）。

· 11 ·

(七) 黑色

法国著名时装设计大师克里斯汀·拉克鲁瓦(Christian Lacroix)曾经谈到他对黑色的感受:"黑色是一切的开始,是零,是原则,是载体而不是内容,如果没有它的阴影、它的凹凸,如果没有它的支持,我认为其他的色彩都不存在。"严格来说,在专业的色彩物理学领域,黑色不能算作是一种颜色,它是物体完全吸收日光时呈现的一种状态,在色光中也没有黑色这一色相。但在我们的日常生活中,黑色是一种常见的颜色。作为无彩色之一的黑色,它在形象设计中的使用频率是最高的,如在妆容上,黑色作为眼影、眼线的颜色几乎是必备的(图2-15)。黑色作为服装的色彩还能弥补人的体型缺陷,使人看上去更苗条。任何色彩在与黑色的搭配中,都能展现其最真实的魅力。但黑色的使用也是有禁忌的,如黑色的服装一般会显得成熟,年少的人应该少穿,又因为黑色吸光吸热,所以在炎热的天气里,黑色让人觉得燥热。东西方对于黑色也有着完全不一样的态度,中国人不太喜欢黑色,认为其代表死亡和黑暗,所以丧服色通常都是黑色的;但在西方,黑色是高贵和性感的象征,西方人出席重要的场合都会穿着黑色的礼服,以示对这种重要场合的尊重。

图2-15 黑色表情

(八) 白色

白色可以说是全色,也可以说是无色。从色光上来说,白色是可见光谱上所有单色光的叠加和集合。但从色料上来看,白色是一种没有任何色彩倾向和表情的颜色。作为无彩色中最具代表性的颜色,白色最为明亮,通常使人联想到白天、白雪、白纸等,由此也能带来一种高洁、纯净的抽象联想。在西方,白色代表神圣和高洁,所以新娘的婚纱均为白色,给人一种冰清玉洁的感觉。在中国,白色不是一种吉祥的色彩,所以国人对白色不太喜好,如有人去世,即我们常说的"白喜事"。白色由于其明度最高,与任何有彩色、无彩色在一起搭配都能将对方衬托得很好,如白色与黑色搭配是永恒的经典,白色与粉色、红色是时尚的搭配。白色用在化妆中,通常是以柔和的驼色、象牙色出现,作为底妆的色彩,同时还以提亮色和点缀色出现。

图2-16 白色表情

一些白色的珠宝、钻石、饰品等,可以带给人们精致浪漫的感觉(图2-16)。但是大面积的白色容易产生空虚、单调、凄凉、虚无的感觉。白色的服装可以将人的肤色、面色映衬得很好,但是也会使人的体型产生虚胖的感觉,因此要合理运用。白色能反射光与热量,是夏季常用的服装色彩。

(九) 灰色

灰色是黑与白的结合,作为无彩色之一,灰色是一种典型的中性色,没有色彩倾向,只有深浅明暗的变化。灰色表情单一,具有高雅的韵味,如在绘画中经常见到的"高级灰"。将灰色用在人物形象设计中,可以塑造一种优雅得体的效果,如灰色的眼影、灰色的眉毛等

(图2-17)。在服装上,灰色的应用也非常多,如男士的西装、外套和女性的制服等大多为灰色,灰色也成为职场、会议等场合的经典用色之一。从个人的肤色来看,冷色调皮肤和暖色调皮肤都可以穿着灰色,如浅粉红、蓝色和灰色搭配会非常和谐,并衬托出冷色的皮肤色,咖啡色、棕黄色与灰色的结合,能将暖肤色的人衬托得很好。灰色可以与无彩色和有彩色进行搭配使用,如与白色、黑色搭配是最经典的,每年的时装发布会上,总会有黑白灰的经典时装,而灰色与有彩色搭配能将有彩色映衬得非常夺目,但又不冲突。通常情况下,黑白灰的经典搭配还需一定的色彩细节作为辅助,如黑白灰的服装搭配橘色的腮红、大红色的口红和蓝紫色的眼影,会给人大气沉稳又精致独特的感觉。

图2-17　灰色表情

(十) 棕色

棕色虽然不在光谱的色彩序列中,但却是一种生活中很常见并很有用的颜色。棕色属于复色,即第三次色,它一般由三种颜色相互混合而成,所以明度和纯度都很低。棕色按照其色彩成分的比例不同可以分为很多种,如深棕、浅棕、黄棕、红棕等。在人物形象设计中,棕色多用于粉底中的男用底色、调和色、暗影色,还可作为眼影的色彩,称为大地色,是任何妆容都可以使用到的一种色彩(图2-18)。棕色用在服装上更为常见,如男士普遍喜欢穿着棕色系的服装,能衬托出男性阳刚和粗犷的气质;而在女装上,棕色可以用于职业装、风衣的色彩设计中,体现一种中性气质。棕色一般能让人联想到大地、瓜果、石头、泥土,所以棕色总是带有一些成熟和老练的气息。棕色中的深棕色、暗棕色适合冷色调的肤色,而稍浅一点的黄棕色、驼色则适合于暖色调肤色。

图2-18　棕色表情

二、色彩的视觉心理效应

每种单色(基本色)除了能带给人们一定的联想与心理作用外,还能以组合的形式带给人们或冷暖、或轻重、或缩放的不同视觉效果与心理效应。

(一) 色彩的冷暖心理效应

视觉色彩的冷暖感受,是由人们的心理联想而产生的。某种色彩的冷暖感受并不是指这个颜色本身具有某种温度,而是其与不同色彩之间的比较带给人的视觉心理感受。例如:红、橙、黄能使人联想到火、太阳、热血这些温暖而热烈的物体;青、蓝使人联想到水、冰、雪、天空这些寒冷而冷静的物体。所以橙色被认为是最暖的色彩,蓝色被认为是最冷的色彩。紫色与绿色是由一个冷色和一个暖色调和出来的,所以它们属于中性色。黑白灰等无彩色总的来说也都是中性色。

关于色彩的冷暖感,有学者曾做过这样一个实验:在两只烧杯内分别盛满同样温度的红色和蓝色的热水,让被测验者一面看着烧杯,一面将左右手分别放入水中。在回答两个烧杯内的热水的温度时,被测验者往往会说红色的热水温度比蓝色的热水温度高。冷暖感原是属于皮肤的触感引起的,但在这个实验中,却是心理在起作用。于是,可以将这一色彩的冷暖感理念用于服装或形象色彩的设计中,即暖色服装(妆容)有热烈、温暖之感,冷色服装(妆容)有冷静、严肃之感(图 2-19)。冬天穿着暖色服装能使人觉得温暖,夏季穿着冷色衣裙能使人倍感凉爽。

图 2-19　服装色彩的冷暖感

(二) 色彩的轻重心理效应

色彩的轻重心理效应与色彩的明度直接相关,即明度高的色彩给人以轻的感觉,明度低的色彩给人以重的感觉。色彩的轻重感与色相的关系不大。例如:白色、浅蓝、粉绿、淡红等高明度色,不管人们如何联想,总会给人一种轻而柔的感受;而深红、蓝黑等暗色往往给人以沉重的感受(图 2-20)。

图 2-20　服装色彩的轻重感

色彩的轻重感不仅是视觉与心理上的,而且还会影响人的行为。1940年,美国纽约码头工人举行罢工,原因是他们觉得搬运的弹药箱太重。于是,资本家便召集有关人员商议对策。有一个对色彩有研究的教授提议,将弹药箱的外观由黑色改为浅绿色,神奇的是,弹药箱的重量并没有变,但搬运工再也没有埋怨叫苦了。在伦敦,有一座名叫布莱克弗赖尔的大桥,原为乌黑色,许多人在这座桥上跳河自尽。后来,当大桥由黑色改漆为淡蓝色后,自杀的人数几乎减少了一半。可见,黑色不仅给人一种沉重的感受,同时也给人一种压抑的心理效应。在服装与形象设计中,如果人们的着装是上白、下黑,会有稳重、严肃之感;反之上黑、下白,则会使人有轻盈、敏捷、灵活之感。

(三) 色彩的进退心理效应及膨胀与收缩心理效应

色彩的进退以及膨胀与收缩的视觉心理感受是由色彩的色相和明度决定的。在生活中,我们可能会有这样的感受:立在我们面前距离相等的两块牌子,一块为橙色,一块为蓝色,我们会认为橙色的牌子离我们距离近些,而蓝色的牌子离我们远些。同样,用白纸剪两块大小一样的图形,给一块涂上黑色后,将黑白两个色块同时放在离我们视野相等的距离处,我们会发现黑色的那块明显缩小了,这就是色彩的前进感、后退感、收缩感和膨胀感。一般情况下,暖色和高明度色,如朱红、淡黄会有前进和膨胀的视觉效果;而冷色和低明度色,如深蓝、暗紫、灰黑则有后退和收缩的视觉效果(图2-21)。

图2-21　服装色彩的进退(收缩、膨胀)感

(四) 色彩的兴奋与沉寂心理效应

色彩的兴奋与沉寂心理效应和色彩的色相、明度、纯度都有关系,其中以纯度的影响最大,同时还与色相的冷、暖感有关。如具有长波特性的红、橙、黄色具有兴奋感;而具有短波特性的蓝、紫色则会产生沉寂感(图2-22)。但如果将这些色彩的纯度改变,向灰色调上发展时,就无所谓兴奋、沉寂感了。在明度方面,明度越高,兴奋感越强;明度越低,沉寂感越强。在纯度方面,纯度越高,兴奋感越强;纯度越低,沉寂感越强。在服装与形象设计中,旅

游、运动装多采用兴奋感强的色彩,而教师、医生、护士等职业的服装多为沉寂色。

图 2-22 服装色彩的兴奋与沉寂感

(五)色彩的华丽与朴实心理效应

色彩不仅可以给人以富丽堂皇的华丽感,也可以带给人平淡的朴实感。色彩的纯度、明度对这种感受影响最大。纯度高、明度也高的色彩显得华丽,纯度低、明度也低的色彩显得朴实。就色彩中的色相比较而言,红、黄、橙色的色彩呈华丽感;深绿、深蓝、深青的色彩呈朴实感。从色彩的组合量上来说,色彩多且鲜艳而明亮的颜色呈华丽感,色彩少、浑浊而深暗的颜色呈朴实感。此外,色彩的华丽、朴实之感与色彩对比度也有很大的关系,对比强的色彩组合呈华丽感,对比弱的色彩组合呈朴实感(图2-23)。在一个色彩中加入金、银等光泽色则易产生华丽的效果。

图 2-23 服装色彩的华丽与朴实感

华丽色与朴实色的应用通常要从年龄、性格和使用环境上加以考虑。如出席舞会、演出、酒吧等场合,可以穿着华丽;在游泳、滑雪等时尚运动场合,也宜用华丽、鲜亮的色彩;在出席谈判、会议或参加葬礼等场合,则应选择质朴、庄重的服饰色彩。

第三节 色彩的搭配

任何一种色彩,在人的内心世界都能点燃形象思维的火花,仁者见仁,智者见智。色彩组合与搭配是人们个性、文化修养、思维、经历的表达方式。可以说,人物形象设计中的色彩选择就是搭配,通过色彩视觉规律的灵活运用,达到妆容、发色、肤色、服饰等整体色彩的对比或和谐统一。色彩还能强化、美化人物的形象气质,弥补缺陷。色彩搭配主要通过色彩的对比与调和来展开,它们是构成色彩搭配美的重要方面。

一、色彩的对比搭配

一种色彩与其他色彩并置在一起时,不但展现了自己的特质,同时也形成色彩的对比组合之美。这种对比主要以差异性来体现,色彩有了对比,才更会显得丰富。在这个意义上,要掌握色彩美的视觉规律并灵活运用,就必须研究色彩对比一般性与特殊性及心理效应,进而创造出具有独特视觉效果的色彩组合搭配。色彩对比主要有如下类别:

(一)色相对比

因色相差别而形成的色彩对比称为色相对比。色相对比主要是有彩色与无彩色之间的对比、无彩色之间的对比以及有彩色之间的对比。

有彩色与无彩色之间的对比,例如黑与红、灰与绿、白与蓝等。即黑、白、灰三色与其他有彩色之间的对比搭配。

无彩色之间的对比是指黑、白、灰三色之间的对比搭配关系。

有彩色之间的对比主要有同种色相之间的对比(如深红与浅红)、不同色相之间的对比(如黄与蓝)。有彩色之间的对比取决于该色彩在色相环上的位置关系。色相环上任何色彩都可以自己为主色,分别与其他色彩组成同一色相对比、邻近色相对比、类似色相对比、中差色相对比、对比色相对比、互补色相对比等关系(图2-24)。

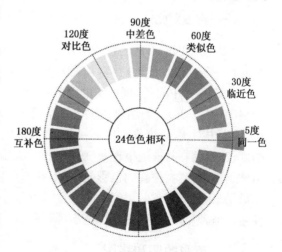

图 2-24 色相对比关系图

(二)明度对比

因色彩深浅、明暗程度的不同而形成的色彩对比称为明度对比。明度对比强弱是由色彩之间的明度差异程度决定的,其中高明度与低明度形成的对比效果最为强烈。明度对比可以将每一种色彩由明到暗分为十级,每一级与另外的级别进行对比就产生出了明度对比的意义。以色立体为例,将色立体的明度轴从下到上分为低(0～3级)、中(4～6级)、高(7～10级)三个明度基调,将这三个明度基调通过类似、中差与对比的搭配可出现三组六种不同的明度色调:①高短调、高长调,即高调中的短调对比和长调对比。②中短调、中长调,即中调中的短调对比和长调对比。③低短调、低长调,即短调中的短调对比和长调对比(图2-25)。明度对比能够形成较强的空间感、光感和明暗关系,是让视觉感受到明快感、清晰度的关键。

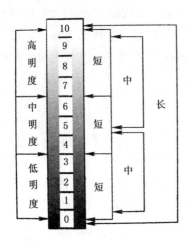

图 2-25 明度对比关系图

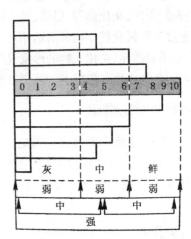

图 2-26 纯度对比关系图

(三) 纯度对比

因纯度差别而形成的色彩对比称为纯度对比。以色立体作为参照,可以将色立体由外至内画一条到半径的轴,并将其分为十级。在最外层的部分(7～10级)称为鲜色,中间部分(4～6级)称为中间色,接近明度轴的部分(0～3级)称为灰色。这样就构成色彩纯度的三个层次(图2-26)。与明度的对比组合一样,不同纯度层级之间的对比可以形成纯度弱对比、纯度中对比、纯度强对比。一般来说,纯度的弱对比差别较小,视觉效果较差,形象的清晰度较弱,色彩的搭配呈现灰、脏的感觉。因此,在使用时应进行适当调整。纯度的中对比虽然仍不失含糊、朦胧的色彩效果,但它却具有统一、和谐而又有变化的特点。纯度的强对比效果十分鲜明,鲜的更鲜,浊的更浊,色彩显得饱和、生动、活泼,对比强烈明显,容易引起注意。但若使用不好,可能也会出现刺激、过火和俗气的特点。

二、色彩的调和搭配

从具体的搭配角度来说,两个或两个以上的色彩之间取得平衡、协调、统一的状态称为色彩的调和。色彩的调和可以使凌乱的色彩关系通过整体的、有条理的安排,使原本不和谐的色彩关系达到协调的有序性;同时,色彩的面积比例安排也将直接影响色彩之间的调和关系,如相同面积的色块搭配,特别是对比色搭配,会让人的视觉产生疲劳,如果一种色彩面积占有主导地位(大面积),另一种色彩面积位居次要地位(小面积),就能达到视觉上的统一美感。此外色彩的形状、空间位置也能引起色彩的调和与对比发生变化。色彩调和主要包括以下几种：

（一）同一调和

同一调和即在色彩的色相、明度、纯度三属性中寻找到相同的因素，在同一因素的统筹下搭配出色彩和谐的效果，这种搭配方法最为简单、最易于统一。同一调和分为单性同一调和与双性同一调和两种。

1. 单性同一调和

在色相、明度、纯度三属性中只保留一种属性，变化另外两种。如同色相，不同明度、纯度的色彩组合（图 2-27）；同明度，不同色相、纯度的色彩组合；同纯度，不同明度、色相的色彩组合。

图 2-27　单性同一调和（同色相，不同明度、纯度）

2. 双性同一调和

在色相、明度、纯度三属性中保留两种属性，变化另外一种属性。如同色相、同明度，不同纯度的色彩组合；同明度、同纯度，不同色相的色彩组合；同色相、同纯度，不同明度的色彩组合（图 2-28）。此外还包括无彩色系之间的调和，如以黑、白及由黑、白的调和产生的各种灰色组合。

图 2-28　双性同一调和（同色相、同纯度，不同明度）

（二）类似调和

类似调和是指色相、明度、纯度三者处于某种近似状态的色彩组合，它较同一调和有微妙的变化，色彩之间属性差别小，但更丰富。类似调和分为单性类似调和与双性类似调和两种。

1. 单性类似调和

在色相、明度、纯度的三属性中，让一种属性类似，变化另外两种。包括：色相类似，明度、纯度不同的色彩组合（图2-29）；明度类似，色相、纯度不同的色彩组合；纯度类似，色相、明度不同的色彩组合。

图2-29　单性类似调和（色相类似，不同明度、纯度）

2. 双性类似调和

在色相、明度、纯度三属性中，让两种属性类似，变化另外一种。包括：色相、明度类似，纯度不同的色彩组合（图2-30）；明度、纯度类似，色相不同的色彩组合；色相、纯度类似，明度不同的色彩组合。

图2-30　双性类似调和（色相、明度类似，不同纯度）

（三）混入调和

混入调和是将不同的两色或多色用混入或调入某种第三色的方法，使双方都同时具有相同元素，使之调和统一起来。如橙色、紫色中都加入白色进行调和，让双方的对比不那么生硬和死板,变成粉橙和粉紫后再进行搭配,这样就取得了和谐(图2-31)。

图2-31　混入调和(橙色、紫色中都加入白色)

(四) 互摄调和

互摄调和是指将不同的两色或多色按照一种均衡规律,将各自的成分注入对方的色彩中,调配后进行搭配的方法。互摄的两种色彩由于互相摄入了各自的成分,都可因增添了同质而得以调和。如在黄色中加入一定比例的蓝色,在蓝色中加入一定比例的黄色,在保留其原始面貌的基础下,形成我中有你、你中有我的新色彩关系进行搭配,能取得较好的调和效果(图2-32)。

图2-32　互摄调和(黄、蓝)

第四节　个人与四季色彩理论

"四季色彩理论"是在瑞士色彩学家约翰内斯·伊顿(Jogannes Itten)的"主观色彩特征"的启示下形成的,在20世纪80年代初由美国色彩专家卡洛尔·杰克逊(Carole Jackson)女士所创导。

四季色彩理论把生活中的常用色彩按基调的不同进行冷暖划分,进而形成四大色彩群。由于每一组色彩群的颜色刚好与大自然四季的色彩特征相吻合,因此,便把这四组色彩群分别命名为"春季色彩、夏季色彩、秋季色彩、冬季色彩",其中"春""秋"为暖色季(系)、"夏""冬"为冷色季(系)(图2-33、图2-34)。根据每个人人体色彩的不同,即肤色、发色和眼睛的颜色进行冷暖划分,并与四季色彩进行对应,就形成了一个人所适合的色彩群和季节色彩类别。

图 2-33　大自然的色彩

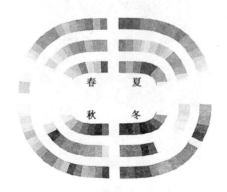

图 2-34　四季色彩的提取

一、个人色彩理论

每个人都有自己独特的个人色彩特征,俗称"人体色",主要是指人体外表所呈现出来的色彩状态,它包括皮肤色、毛发色、眼珠色(瞳孔色)等(图 2-35)。三个因素决定人体的色彩特征——核黄素(由胡萝卜素多少决定)、血色素(由血红蛋白含量决定)、黑色素(由黑色素的数量决定),这些因素在每个人体内的不同比例组合就形成了一个人的肤色状态。因此,在看似相同的外表下,我们每个人的肤色在色彩属性上都是有差别的,只是不同民族、人种的皮肤色感不同。例如,西方人皮肤黑色素极少,而东方人和非洲人的黑色素较多。所以西方人也就称为白种人,其肤色白皙;而东方人和非洲人则被称为黄种人和黑种人,其肤色呈现出黄色、深棕色。根据色彩冷暖的划分,任何肤色都可以归纳为三种基调,即蓝色基调、黄色基调、中性基调(图 2-36)。蓝色基调又称冷色基调,如果一个人的肤色呈现出粉色、蓝青、暗紫红、灰褐色等，我们就称这种肤色为蓝色基调或冷色基调。黄色基调又称暖色基调，如果一个人的肤色呈现出象牙白、金黄、金褐色、暖棕色，我们就称这种肤色为黄色基调或暖色基调。中性基调的肤色是介于蓝色（冷色）基调与黄色（暖色）基调中间的色调，其既不偏蓝（冷），也不偏黄（暖）。

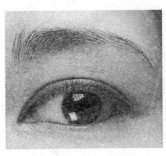

图 2-35　人体色的组成

图 2-36　黄色基调（暖肤色）、蓝色基调（冷肤色）、中性基调（中性肤色）

如何判别自己的肤色基调？只要在白天自然光下（不要直接照射），穿着白色衣服，用白毛巾盖住头发，从镜子里观察脸部的肤色，将脸部的肤色与纯白色服装进行对比就可以确定皮肤的冷暖色倾向。女性还可以用口红进行试验，即用暖色调的橙色口红和冷色调的玫红色口红分别试验。如果涂橙色口红更好看则可能为暖色调肤色；反之，则可能为冷色调肤色。但为了肤色诊断的准确性，还是建议利用色布进行诊断。色布诊断的方法是首先用白布将被诊断者上半身挡住，将春、夏两季同一个颜色的色布一块块在被诊断者身上检测，然后将秋、冬两季的同一个颜色的色布一块块在被诊断者身上检测，同时要边诊断边记录其适合的色彩季节和数量（图2-37）。完成以后，根据统计数据，就可得知被诊断者肤

图 2-37　色布的色彩诊断

色的冷暖和适合的季节。一般情况下，如果肤色被诊断出是暖色调，就可确认为春季或秋季型人，应使用暖色调的化妆色彩和服饰配色；如果肤色被诊断出冷色调，就可确认为夏季或冬季型人，应该使用冷色调的化妆色彩和服饰配色。

二、四季色彩理论

（一）春季型人

春天，阳光明媚、生机勃发、青春萌动、万物复苏、百花待放，这是一个充满生机与活力的季节。春季型人就如同春天一样，其给人的第一印象是一种阳光抚育下的明媚感。在白皙光滑的脸上透露着珊瑚粉般的红润，明亮的眼睛好像永远都显露出不谙世事的清纯。她们是生活中最快乐的靓丽一族，正如大自然春天带给我们的欣悦一般，春季型人的朝气蓬勃可以感染周围所有的人。

1. 春季型人的身体色彩特征

春季型人的肤色为浅象牙色、桃粉色，肤质细腻，具有清透感；拥有珊瑚粉色、鲑鱼肉色、浅橘色的红晕；眼珠呈明亮的茶色、黄玉色、琥珀色，眼白呈现湖蓝色，瞳孔呈浅棕色。眼神活跃，有如玻璃珠般透亮、灵活的质感。脸上或许有些许雀斑，俏皮可爱。头发呈柔和的黄色、浅棕色或明亮的茶色；嘴唇呈现自然的浅橘色、珊瑚色、桃红色（图2-38）。

图 2-38　春季型人色彩特征

2. 春季型人的用色技巧

春季型人是暖色系人中的代表，适合以黄色为基调的各种明亮、鲜艳和轻快的色彩，如象牙色、奶黄色、哔叽色、浅驼色等都是春季型人的最佳使用色彩。如果选用冷色，也应尽量选择亮蓝、亮紫这类清淡柔和的色彩。在全身色彩搭配上，应该以暖色系为主，选择点缀色时，应体现出与主色调的强烈对比，如黄绿搭配，红黄橙的搭配等（图2-39）。

发色：可选金黄、淡红、浅褐色或中褐色及带有金黄、橙色成分的蜜色或铜红色，染发时需注意保留其发色的基本色调，色泽宜清淡明亮。

妆色：春季型人应使用暖色调的粉底色，用一些闪光、金粉及浅黄色搭配浅黄绿色用作眼影的主色调会很美，眼线色彩宜选用咖啡色、深棕色，并将浅棕色、深棕色相结合用于眉毛色，腮红、口红可以用珊瑚粉、橘红色，总之要透出轻盈、有光泽的感觉。

图 2-39　春季型人的色彩选用

眼镜：镜架可选棕色、金黄色或桃色，镜片可使用棕色或黄色等。

珠宝：尽量选择带有光泽的明亮的黄色、金色的金属饰物，如黄金、铜饰物；若是珍珠，选择象牙色最好；宝石最好选用红宝石或黄玉、猫眼石等暖色的宝石。

配饰：包袋可以选择象牙白、米白、浅灰褐色、亮棕色、棕黄色、亮蓝色等。

鞋袜：可选象牙色、肉色、驼色、浅棕色、浅灰色，不宜使用灰色和色彩重的鞋袜色。

警示：避免深重色彩的搭配，黑色一般排除在外，可选用本色系中较重的浅棕色来代替。

（二）夏季型人

夏季，太阳统治了大地，它高高地挂在天上，让世界沐浴在热情的阳光里。夏季瓜果成熟、葡萄飘香、绿树成荫，接天莲叶无穷碧，所以夏季的色彩是具有蓝、蓝紫、蓝绿色调的冷色性。夏季型人的色彩与常春藤色、紫丁香色及夏日海上、天空的色调相吻合，她们适合以蓝色为基调的色彩搭配。如果一个人的皮肤透着冷米色的基调，拥有灰黑色的头发，呈现出浅玫瑰色的红晕，她就属于夏季型人。

1. 夏季型人的身体色彩特征

夏季型人有着冷米色的皮肤基调，肤色中还透露出健康、自然的小麦色。灰黑色柔软的头发，深咖啡色的瞳孔、冷蓝色的眼白，玫瑰粉色的红晕，给人一种温柔亲切的印象（图2-40）。夏季型人能将传统的风格和优雅的举止与温文尔雅的外表结合起来，诠释出沉着、冷静的自然之美。

图2-40　夏季型人色彩特征

图2-41　夏季型人的色彩选用

2. 夏季型人的用色技巧

夏季型人适合冷色调中的清淡色系，穿着灰色会非常高雅，如不同深浅明度的冷色调搭配灰色调都可以。蓝色系亦非常适合夏季型人，无论是蓝色大衣、套装还是衬衫都能衬出其优雅气质。最佳的搭配是在深浅程度不同的深蓝、浅蓝、蓝灰、蓝紫色之间进行混合搭配（图2-41）。绿松石蓝等也是其最适合的色彩。夏季型人不适合咖啡色系、棕色系，它会使夏季型人的脸色变得病态一般的黄。

发色：灰色、黑色、偏银的发色都比较适合。还可以漂色、染色和挑染成微蓝、蓝紫等冷色系，但是不能过暗。

妆色：夏季型人适合选择浅象牙色的粉底，浅粉色与天蓝色相搭配的眼影，但避免使用过深的眼线、睫毛膏。眉骨的提亮色可用柔白色；腮红、口红用淡淡的玫瑰红或粉红会使整个人看上去更加的柔美、雅致。

眼镜：镜架可以选择青灰色、蓝color、银色，镜片可用玫瑰粉或紫红色。

珠宝：最好选用有光泽的白金和银色饰物，珍珠可选择粉色、银白色的淡水珍珠，宝石最好选用蓝宝石、紫宝石、紫水晶等以蓝色为基调的宝石。

配饰:包袋可以选用乳白色、玫瑰褐色、亮蓝、灰蓝色等,其他配饰也尽量选用蓝灰色、淡紫色、灰色等。

鞋袜:可选择玫瑰褐色、浅灰、深灰的鞋袜,不能穿着黄色等暖色系的鞋袜。

警示:避免强烈色彩及反差对比大的搭配,要体现柔和渐变的搭配。

(三) 秋季型人

秋季是收获的季节,其最为典型的色彩是代表大地的泥土色和瓜果、麦穗收获的颜色。秋季,太阳用斜射的阳光为所有的色彩增添了一种泛红的温和个性,这种阳光也洒落在成熟的瓜果和稻田、干草上,将其染成了金黄色。而枫叶的深红色、落叶的棕黄色,点缀了这一深沉浓郁的季节,让其尽显成熟之美。

1. 秋季型人的身体色彩特征

秋季型色彩是暖色系中的沉稳色调,与大自然秋季的色调极度吻合。秋季型人的发质偏深,为深黄褐色、红棕色。瞳孔为深褐色、苔绿色,眼白呈浅白色,对比不强烈,目光沉稳。秋季型人还拥有陶瓷般的深褐色皮肤,很少出现红晕(图 2-42)。秋季型人始终给人一种深沉、优雅的韵味,很适合都市成熟白领女性的装扮。

图 2-42　秋季型人色彩特征

图 2-43　秋季型人的色彩选用

2. 秋季型人的用色技巧

秋季型的色彩是暖色调中的深沉色系,透露出浓郁成熟的美。秋季型的人适合穿着以金色、黄色、棕色为主色的暖色调服饰。还有苔绿色、砖红色也是秋季型人的专有色彩,越浑厚的颜色越能衬托其陶瓷般的肌肤。在全身色彩搭配上,不适合强烈的对比,只有在相同的色系或邻色系中进行深浅暖色搭配,才能烘托出秋季型人的稳重与华丽(图 2-43)。

发色:适合金红色、栗褐色的发色,染色也可以此为依据,但务必保持发质的天然光泽。

妆色:可以选用略为沉稳些的暖色调底色,如深象牙色的粉底,选择深褐色的眼线,可以用柔和的亚光橙色与苔绿色相配的眼影,腮红、口红可以选择鲑鱼肉色或铁锈红等。

眼镜:镜架可选择深棕色、金黄色、苔绿色等,镜片宜选用茶色、暗橙红色等。

珠宝:金属饰品最好选择黄金、红铜等金色或铜色的饰物,珍珠可以选用奶油色或棕色系,宝石宜选用琥珀玉、黄玉等为基色的宝石。

配饰：包袋可以选择牡蛎色、淡灰褐色、亮棕色、苔绿色等，其他饰物也尽量选择棕褐色、橄榄绿、红褐色等。

鞋袜：适合选用灰褐色、金黄色、偏黄的肉色、桂皮色、深咖啡色等，避免灰色、蓝色等冷色调的鞋袜。

警示：避免过于鲜艳、对比的颜色，特别是冷色，适合柔和渐变的深暖色系搭配。

（四）冬季型人

冬天这个冰冷的季节，光线明晰强烈，使冬季残存的少量色彩愈加鲜艳夺目。冷杉树深沉的绿色，越冬的野浆果泛出的红色，以及树木暗蓝的剪影映衬出冬天黄昏落日时橙红色的余晖，自然笼罩在一片强烈的对比中。由于冬季缺少万紫千红的色彩，所以映入眼帘的都是亮晶晶的冰天雪地之色。冰封湖面的湖蓝，碧绿的松绿，冷玫红的梅花，远方山峰偏深的绿色和大地的深褐色构成了这个季节典型的色彩。

1. 冬季型人的身体色彩特征

冬季型色彩属于冷色系中的强烈色调，冬季型人发色乌黑有光泽，眉毛浓密乌黑，瞳孔深黑，眼白明显，目光锐利，呈现出强烈的对比和节奏感。冬季型人的肤色偏白，很少出现红晕。冬季型人始终给人一种冷艳高贵和不可接近的感觉，因此常常成为人物中的焦点（图2-44）。

图2-44　冬季型人色彩特征

图2-45　冬季型人的色彩选用

2. 冬季型人的用色技巧

冬季型人适合穿着纯正的颜色和以冷峻惊艳为基调的冷色系，同时适合强烈对比的搭配效果，适合有光泽感的面料。冬季型人也是最适合黑、白、灰三种无彩色的人群，将黑、白、灰三种无彩色与红、黄、蓝、绿等纯正、鲜艳的有彩色进行混合搭配，可以尽显冬季型人的风采和魅力（图2-45）。

发色：适合黑、银色、灰色的发色，还可以染成冰蓝、冰紫、紫蓝等色系，慎用含有暖色性的色彩，如棕色、咖啡色等。

妆色：适合选用象牙白等亮色的粉底，眼线可以选择深重的黑色，眼影可以选择冰粉、松绿色、宝蓝色等的组合，腮红、口红可以是艳丽的玫瑰红或大红。

眼镜：镜架可以选择灰色、银白或黑色，镜片可以用浅蓝色、紫红色等。

珠宝：饰物最好选择带有银白色系的银色饰物等，珍珠可以选择粉色、灰色、黑色，宝石最好选用蓝宝石、绿宝石、红宝石、钻石等色彩鲜明纯正的宝石。

配饰：包袋可以选择白色、亮灰色、藏青色、黑色、银色等；其他饰物可选择有彩色系中具有光泽和冷艳的色彩，如冰蓝、冰绿、冰粉等。

鞋袜：适合选择黑、白、灰及藏青色，并在色彩上搭配一些纯色的鞋袜，避免穿着橙红色等暖色系的袜子。

警示：避免轻柔、模糊不清的色彩，尽量选择对比强烈的色彩。

第三章 妆容形象设计与创意

第一节 头面部骨骼及五官比例

人的头面部轮廓、五官造型及表情是由头部骨骼、肌肉、脂肪来确定的,熟悉头面部骨骼、肌肉的结构以及五官的标准比例是我们进行正确化妆造型的基础。

一、头型及头面部组织结构

头面部组织结构是由头型、头骨、面部肌肉共同组成的。人的头型分为两种:一种为长头颅型,一种为圆头颅型。白色、棕色、黑色人种属于长头颅型,其面部比较鼓凸、立体;黄色人种则属于圆头颅型,其面部较圆润、扁平。头骨的关键部位有额骨、眉弓骨、鼻骨、颧骨、上颌骨、下颌骨、颏结节等,这是我们进行头部化妆造型的重点部位。面部主要肌肉有额肌、眼周肌、鼻周肌、口周肌等,特别是一些可以活动的面部表情肌,如咬肌、笑肌等,对于我们的化妆造型也具有极大影响(图3-1)。

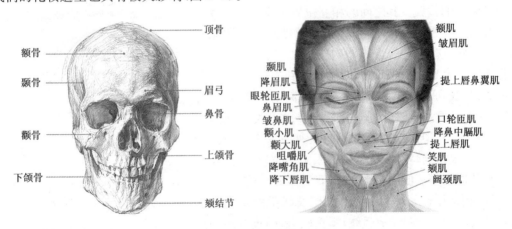

图 3-1 人头面部骨骼与肌肉

二、头面部轮廓

头面部轮廓也即我们平时所说的脸形。在判断头面部轮廓时,我们一般将头型视为一个长方椭圆形的六面体,在其大转折处分为内轮廓和外轮廓,这是面部立体塑造的关键结构。常见脸形根据头面部轮廓可以分为七种:椭圆形(又称鹅蛋形)、圆形、方形(又称国字形)、长形(又称目字形)、正三角形(又称由字形)、倒三角形(又称甲字形、瓜子形)、菱形(又称申字形)(图3-2)。椭圆形脸为中国传统审美上的标准脸形,但随着时代的发展和审美的变化，现代人一般认为倒三角形的瓜子脸为女性最美的脸形，男性的最佳脸形则被认为是方形的国字脸。

图 3-2 头面部轮廓（脸形）

三、五官及标准比例

五官即面部各生理器官，是眼、眉、口、鼻、耳的统称，它们在脸上的位置及其之间的相互位置关系构成了一种比例关系。按照黄金分割理论，人们总结出五官关系上的最美比例，这就是"三庭五眼"比例。"三庭"是从纵向上将脸的长度划分为三部分，即发际线到眉弓骨、眉弓骨到鼻底、鼻底到下颚骨底部三个部分距离基本相等。"五眼"是从脸的宽度上进行划分，即将脸的宽度划分为五只眼睛的宽度，其中两只眼睛之间的距离为一只眼睛的宽度，两个外眼角到耳际线又是一只眼睛的宽度（图 3-3），从五官的造型与其比例关系来看，我们需要知道：

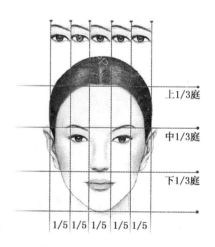

图 3-3 三庭五眼比例关系

1. 眼睛由上眼睑、下眼睑、眼球及睫毛组成。标准的眼睛上眼睑至外眼角成弧线，弧度较大，弧度的最高点在上眼睑的中间部位；上眼睑底部有睫毛生长，浓密且较长。下眼睑、内眼角略低于外眼角，弧度小，弧度的低点位于距外眼角的 1/3 处，下眼睑底部睫毛较稀少。

2. 鼻子位于面部的中央，是整个面部最凸起的部位，鼻子由鼻梁、鼻尖、鼻翼等组成。标准的鼻梁由鼻根向鼻尖逐渐耸起，鼻梁直而挺拔，鼻尖圆润，标准鼻翼的宽度是两内眼角向下垂直线之间的宽度。

3. 嘴唇由上唇、下唇组成。标准的嘴唇上唇薄、下唇厚，下唇略厚于上唇。上唇中间有一凹陷部位，两边凸起部分为唇峰，上下唇之间为口裂。正常表情下，口裂为上翘的弧形，两侧为嘴角,嘴的宽度为两眼平视正前方时,两瞳孔内侧向下的垂直线之间的距离。

4. 眉毛可分为眉头、眉峰、眉腰、眉尾四部分,标准的眉毛从眉头至眉峰呈上扬状态,从眉峰至眉尾处则往下,眉峰位于整个眉毛的靠外2/3部位,标准的眉头部位与内眼角基本落在一根垂线上,眉尾则落在嘴角至外眼角的延长线上,称为"三点一线"。

5. 耳朵由于其处在头部的侧面,与脸有一定距离,只作为五眼的比例计算时的参考,在化妆时,除了佩戴耳饰,一般很少涉及,在此不做过多论述。

第二节　化妆用具及基础化妆步骤

一、化妆工具及用品

化妆海绵、粉扑、化妆刷、眉钳、修眉刀、剪刀、睫毛夹、眉笔、遮瑕笔、唇线笔;散粉、粉底液(霜)、眼影、睫毛膏、双修粉(修容粉)、唇彩、唇膏、卸妆液、洗面奶、化妆水(爽肤水)、乳液、润肤霜、腮红。

二、基础化妆步骤

(一) 第一步:洁面(图3-4)

所需用品:洗面奶、化妆水(爽肤水)、乳液、润肤霜等。

化妆前先用洗面奶清洁皮肤,然后涂抹化妆水,以补充水分、收敛毛孔,接着涂抹乳液、润肤霜以滋润皮肤。只有做好深度清洁和足量的补水滋润,在上底妆时才能使粉底、散粉等与皮肤充分粘黏、融合,达到细腻无瑕的完美底妆效果。

图3-4　洁面

(二) 第二步:上粉底(图3-5)

所需物品:粉底液、粉底霜(膏)、化妆海绵。

将海绵喷水打湿,蘸取适当粉底,在额头、鼻尖、下巴、脸颊、颧骨等部位做点压涂抹,然后扩展到整个脸部,特别要注意脸与发际线交接处、脸与脖子交接处的衔接。

 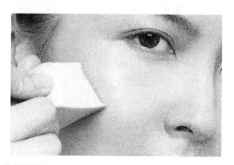

图3-5　涂抹粉底

(三) 第三步:定妆(图 3-6)

所需物品:干粉扑、蜜粉、散粉、粉底刷。

将散粉均匀撒在干粉扑上,并用力揉搓粉扑,让散粉扩散均匀,然后点按在额头、鼻尖、下巴、脸颊、颧骨等部位,再扩展按压到整个脸部,轻轻拍打,最后用大的扫刷,将脸上的多余浮粉扫除。

图 3-6 刷散粉定妆

(四) 第四步:画眼线(图 3-7)

所需物品:眼线笔、眼线液、眼线膏等。

先从内眼角处开始用眼线笔紧贴睫毛根部画至眼尾,内眼角处眼线较细,至外眼角处线条逐渐变粗,颜色更重,眼尾部位的眼线可顺着眼睛闭上的弧度微微向上翘;画下眼线时,从外眼角开始向内眼角描画,画至 1/3 处时逐渐变细并消失,睫毛根部的眼肉处都要涂上眼线的颜色,不能留白。

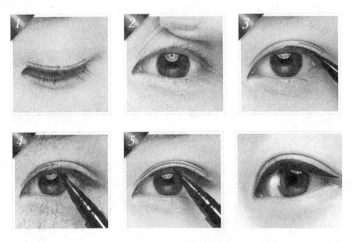

图 3-7 画眼线的步骤

(五) 第五步:画眼影(图 3-8)

所需物品:眼影刷、眼影粉、眼影膏。

先用大号眼影刷在整个眼窝内扫上底色（根据自己的需要定色，如浅咖啡色），然后在眼窝的一半（靠近眼线）处重叠刷上眼影的主色调（如湖蓝色），最后在刚才所刷的面积的1/2处（涵盖眼线部分）扫上此主色调的最深色（如深蓝色）。即一共要进行三次晕染，才能让眼影看上去渐变流畅，层次分明。若希望眼睛更有神采，还可在眉弓骨处最高点和眼角突出部位点上提亮色。

图3-8　眼影的结构与晕染

（六）第六步：鼻侧影（图3-9）

所需物品：侧影刷、双修粉（修容粉）。

用鼻侧影刷蘸取双修粉中的咖啡色涂抹在鼻梁两侧及靠近眼窝的部位，并往鼻翼方向逐渐减弱减淡，然后用高光刷蘸取双修粉中的亮色，从鼻梁最高处刷至鼻尖，并往鼻梁两侧融合，让鼻子看上去立体、自然。

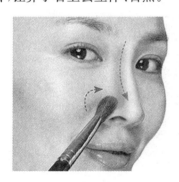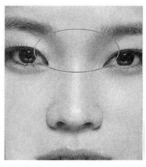

图3-9　鼻侧影的位置和涂抹方法

（七）第七步：画眉毛（图3-10）

所需物品：修眉刀、眉钳、眉笔、眉粉。

参照标准眉形，用修眉刀剃掉周围多余的杂毛，或用眉钳拔掉影响眉毛标准形状的周边杂毛，注意要顺着眉毛生长方向拔除。画眉时，用眉笔或蘸取眉粉的眉刷从眉头开始，沿着眉峰处一笔笔向上描绘，到眉峰处后，顺着眉尾向下一笔笔描绘，眉峰处的颜色最浓、最深，至眉头、眉尾处逐渐减淡，这样才能画出立体又自然的眉形。眉毛的颜色不能深过眼线的颜色。

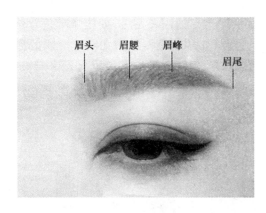

图 3-10　眉毛的结构与描画

（八）第八步：刷睫毛、贴假睫毛（图 3-11）

所需物品：睫毛夹、睫毛膏、睫毛梳、假睫毛、剪刀。

先用睫毛夹夹住上睫毛向外卷，再涂上睫毛膏，用睫毛梳左右来回地向上梳，反复几次，下睫毛也以同样方式进行。若觉得还不够，可以用假睫毛进行装饰，在贴假睫毛前，将整副假睫毛与真睫毛的位置进行比对，从内眼角的位置开始，到外眼角睫毛终止处结束，剪掉假睫毛的多余部分。因为自然睫毛的生长是内眼角的长度短，外眼角的长度长，因此对假睫毛的修剪也应该是靠近内眼角一端的睫毛短一些，外眼角的睫毛长一些。修剪后，在假睫毛根部线处充分刷上睫毛胶，静候几秒，待胶水干到八成，再往睫毛根部上贴，假睫毛要顺着眼线的走向和位置贴，这样才能显得真实、自然。

图 3-11　夹睫毛、刷睫毛、贴假睫毛

（九）第九步：涂腮红（图 3-12）

所需物品：腮红刷、腮红。

先用腮红刷蘸取适量腮红，在手背上轻扫几下，去掉多余粉末。对着镜子微笑，找出面颊鼓起的最高位置（笑肌处），拿腮红刷在该位置上以打圈的方式进行涂抹。随后，用腮红刷从鼻翼旁边、颧骨至太阳穴位置向上轻轻斜扫，以增强面部腮红的立体感和自然柔和的效果。

图 3-12　腮红的涂抹

(十) 第十步:刷唇彩(图3-13)

所需物品:唇刷、唇笔、唇膏、唇彩。

用唇刷蘸取唇彩,从下唇的嘴角处开始往中间扫涂,就此将下唇的轮廓线描绘出来,上唇亦用同样的方法进行。随后在双唇的中央用稍亮的同类唇色点涂,并向左右自然晕开,以突出唇部的立体感。最后还可以在唇的突出部位涂上唇蜜,以增加晶莹剔透的丰润感。

图3-13 唇彩的涂抹

第三节 具体化妆技法及注意事项

一、上粉底

粉底的作用主要是调整皮肤的颜色,遮盖面部的瑕疵、缺陷,使肤色干净、细腻,让肤色统一在一个色调里,为整体妆面的塑造打下良好的基础。

上粉底之前,首先要观察个人的肤色状况。可先用修颜液调整肤色,若是偏红的肤色,应选绿色修颜液;若是偏黄的肤色,可用紫色修颜液。一般来说,粉底的选择要接近肤色或选比肤色稍亮一度的颜色。但针对不同情况也可以适当调整,如脸庞较大,可选较脸面肤色深一度的底色,会有收缩脸形的视觉效果;脸形瘦小的人可选用与脸面肤色接近或者亮一度的粉底色;肤色苍白的人可选用浅橘红色的粉底,以增加面色的红润度;而淡褐色面色的人宜选用桃色或粉红色粉底;深肤色的人则不能使用太亮颜色的粉底,以避免给人一种头部、颈部色彩层次分明(即戴假面具)的感觉。为了突出脸部的立体感,一般在"T"字部位用粉底中的高光色进行提亮,在脸颊部位(颧骨的侧下方)、鼻翼两侧用粉底中的阴影色进行加深,达到立体有致的面部轮廓效果(图3-14)。

图3-14 粉底明暗塑造脸部立体感

上粉底的手法有推压法和点压法两种。推压法就是用海绵顺着皮肤的走向推开粉底,大多用于第一次上粉底,可使粉底在皮肤上更服帖;点压法就是用海绵或手指蘸取粉底液点涂和拍打在面部,可以弥补第一次上粉底的错漏和不足。

在肤质较好的情况下,粉底可以打薄一些;在肤质不好、有瑕疵的情况下,粉底可加厚。在第一层粉底的基础上,若瑕疵、斑点还明显,可以对这些部位进行重点遮瑕。但要注意,遮盖瑕疵、斑点的部位要与周围的粉底颜色一致,避免形成明显的颜色差异。

二、不同脸形的特征及粉底修饰

(一)椭圆形脸(鹅蛋形脸)

整体脸部长度、宽度适中,从额部、面颊到下巴比例完好。椭圆形脸的脸形如倒立的鹅蛋,一直被公认为最理想的脸形,也是化妆师用来矫正其他脸形化妆的依据,不需要特别的修饰。

(二)圆形脸

从整体外轮廓上看,圆形脸的人脸短颊圆,颧骨结构不明显,面部肌肉丰满,脂肪较厚,脸的长宽比例相近,给人以可爱、明朗、活泼、平易近人的印象,看上去比实际年龄小,显得幼稚。

修饰方法:用较深的粉底色涂于两腮处,制造出阴影效果,以缩减面部的圆润及膨胀感;在"T"字部位整体纵向涂抹提亮色,以长条形延伸,可以拉长脸形。

(三)方形脸(国字形脸)

方形脸的宽度和长度相近,下颌骨方正,线条平直、有力,给人以坚毅、刚强、男性化的印象,是公认的标准男性脸形,不太适合女性的气质。

修饰方法:用较深的粉底色修饰额角、两腮、下颌骨等凸出部位,制造出圆润的效果。若是女性,还可用柔和色调来增加女性的温柔气质。

(四)长形脸(目字形脸)

脸形三庭整体较长,宽度较窄,且额头高,面颊线条较直,缺乏柔和、生动的感觉,给人以老成、刻板的印象。

修饰方法:在前额、下巴处横向涂抹较深色的粉底,可以减弱脸形的长度。

(五)正三角形脸(由字形脸)

额头窄,面肌宽大,大体成梨形。这种脸形除了天生脸面较宽大以外,多见于肥胖的人,给人以富态、稳重、威严的印象,易显老态。

修饰部位:重点修饰较宽的下半部分脸形,用阴影色粉底进行下颌骨的遮盖,然后在"T"字部位用亮色提亮,将视觉中心向上引导。

(六)倒三角形脸(甲字形脸)

额头宽阔,由上至下逐渐缩小,下颌线呈瘦削状,下巴逐渐偏尖形,是现代公认的美女脸形,给人以时尚、秀气的印象,但也会有单薄、柔弱之感。

修饰部位：为了削弱宽阔的额头，可在前额两侧涂阴影色；为了让下颌及下巴不那么尖锐，可以在两腮处涂些许提亮色来调整和修饰。

（七）菱形脸（申字形脸）

面部上额较窄，颧骨凸出，下颌尖，面部较有立体感，给人机敏、理智的印象，但也容易显得冷漠、清高，缺少亲切温雅的感觉。

修饰部位：为了减弱凸出的颧骨，可在颧骨的两侧涂阴影色粉底，并在前额及下颌处涂抹提亮色粉底，以增加整体的协调性。

三、眼部修饰

（一）美目贴的使用

美目贴的作用主要是将上眼皮向上睁开，使眼珠的形状充分展现出来，让眼睛看起来更大、更有神。美目贴适用于单眼皮、眼皮薄且松弛、双眼皮折纹不深或眼形不理想者。

贴美目贴时，要根据眼形用剪刀剪出与眼睛长度相当的月牙形美目贴，宽度要根据眼睑的宽度而定，剪好后的美目贴要根据眼睛的形状和位置来贴。若是单眼皮，就要紧靠睫毛根部贴；若双眼皮的宽度不对称，可在一侧双眼皮褶皱的位置直接贴上美目贴，使双眼皮的褶皱对称（图3-15）。

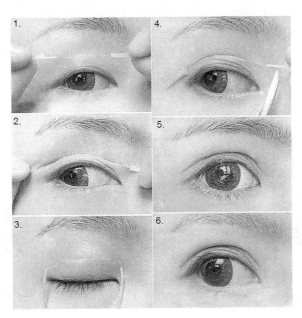

图3-15　美目贴的使用

（二）眼线的修饰

眼线能改变各种不同的眼睛形状、弥补眼睛天生的缺陷。还可起到调节眼神的作用，让眼睛看起来乌黑闪亮、生动活泼。

眼线需要根据不同的眼形进行描画。

上吊眼的眼线：上吊眼又称丹凤眼，画眼线时，眼线不可向上扬，要平直。画上眼睑时，内眼角线可粗些，外眼角线可细一些。画下眼睑时，内眼角的下眼线线条要细，外眼角的下眼线线条可粗，眼线与眼影的衔接要过渡柔和，使之显得真实。

下垂眼的眼线：这种眼形与上吊眼相反。画眼线时，内眼角的眼线要细，外眼角的眼线要粗。眼尾的上眼线要逐渐向上加宽，与内眼角线条过渡均匀，线条应流畅自然。画下眼线时，内眼角线条要粗，外眼角线条要细，这样能改善下垂眼的形状。

两眼间距较近时：眼线应向眼尾处拉长，眼线不可画到内眼角，眼尾的眼线要与眼影的位置相同或者重叠。

两眼间距较远时：眼线重点要画在眼头，即把内眼角的眼线加粗加深，向内扩展，即画出"开眼角"的效果。

（三）眼影的修饰

眼影主要起到装饰作用，另外可使眼部的结构达到立体的效果，还能通过色彩与其他部位进行呼应与协调。

眼影的画法主要有渐层晕染法和结构塑造法。

1. 渐层晕染法

用色彩由深至浅地在眼睑处进行晕染，分为左右晕染和上下晕染（图3-16）。

（1）左右晕染：指从内眼角向外眼角进行晕染或从外眼角向内眼角进行晕染。这种方法可使眼影的色彩有明显的立体效果，能充分体现色彩的渐变效果。

（2）上下晕染：一般从眼睫毛根部向上晕染，下深上浅，多用于眼形较为标准的情况，能体现出眼部自然、顺畅的立体效果。

2. 结构塑造法

主要用深色从眼尾处开始，由深至浅地向眉头方向勾勒出眼窝，突出眼部的主体结构。在色彩上尽量使用单色，以较暗的深色为主，纯度都不能太高，最好以低纯度的暗色为主，还需结合提亮色做凹凸部位的结构对比（图3-16）。

 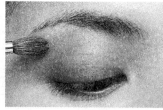 

左右晕染　　　　　　　上下晕染　　　　　　　结构塑造晕染

图3-16　眼影的修饰

（四）不同眼形的眼影修饰

上吊眼形：为了使眼睛看上去正常，可在内眼角处使用正常色的眼影，在外眼角下方处加深色眼影晕染，这样可减弱眼睛上吊的感觉。

下垂眼形：下垂眼容易给人没有精神、衰老的印象，因此，眼尾的眼线需加宽并向上提升,眼影的位置则要刷在眼尾眼线的上面并向上晕染。下眼睑内眼角处的眼线可适当加宽,使下垂眼形得到改善。

小眼睛:可先在眼睑上贴美目贴辅助调形,在涂眼影时,在眼凹陷处涂上深色的眼影,从睫毛根部向上将眼影揉开,色彩由深至浅。然后加上假睫毛,使眼睛达到增大的效果。

大眼睛:这种眼形给人可爱、聪明、伶俐的印象,但也给人幼稚的感觉。在涂眼影时,晕染要柔和,色彩不宜过深。眼线描画要细,以突出原本眼睛的自然形状为主。

凹陷眼:这种眼形给人一种无精打采、憔悴、衰老的感觉。在涂眼影时,应尽量用浅色及暖色系眼影,这样能使凹陷的眼眶尽量饱满。另外,也不能在眉骨外用高光提亮。

肿眼形:这种眼形给人臃肿和没睡醒的感觉。在画眼影时,颜色要深,尽量选取冷色系和深色系进行层次晕染。要从眼睫毛根部向上逐渐晕开,以减弱臃肿的感觉。

四、眉毛修饰

眉毛是平衡面部结构、改善脸形的关键部位,对眉毛的修饰能改变人物的面貌、精神与气质,满足不同妆面的需求。但不同的脸形需要匹配不同的眉形。

椭圆形脸:无需做过多修饰,基本上以标准眉形为主即可。

方形脸:整条眉毛宜宽、不宜细,要呈现上扬的弧形,不能刻意突出眉峰,要用柔和流畅的线条来画眉,以弥补面部强硬的轮廓。

长形脸:要画成平直的眉形,可略粗一些,眉色宜浅淡、柔和,这样能起到拉宽脸形的作用。

圆形脸:画眉时,眉头要压低,眉毛向上扬,呈微吊形,特别适合柔和高挑的柳叶眉。眉峰处可以稍加角度,使五官线条分明,弥补较圆的脸形缺陷。

正三角形脸:画眉时,眉形可以略带弧度,眉峰要向后移,眉尾向外平直拉长,这样能改善上小下大的脸形不足。

倒三角形脸:无需做过多修饰,基本上以标准眉形为主即可。

菱形脸:为了减弱过于宽大的颧骨,眉形需要向上提拉,眉尾处可向外拉长。

五、腮红修饰

腮红是增加面部红润度的化妆手法,一个合适的腮红色彩能增加面部的血色和气色,让人看上去精神、雅致,不同的脸形其腮红的塑造手法、位置也不尽相同(图3-17)。

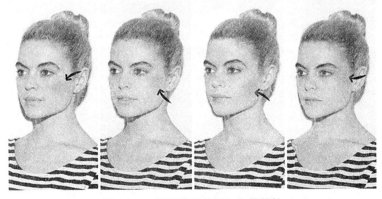

图3-17 不同脸形的腮红位置修饰

椭圆形脸：腮红应打在颧骨的位置，然后向四周自然晕开即可。
方形脸：腮红的位置可以提高些，在颧骨以上，以打圈的方式向上晕开。
长形脸：腮红的位置放在颧骨以下，从耳中部位向鼻尖处横向涂抹。
圆形脸：腮红的面积不宜过大，位置由颧骨外侧至内轮廓斜扫。
正三角形脸：腮红的位置可以提高，在颧骨上方往下涂抹，与脸颊处的阴影色部分相融合过渡。
倒三角形脸：腮红可以涂抹在颧骨上，向上向后逐渐晕开。
菱形脸：腮红可以选取较深的颜色涂抹在颧骨上，向上向下逐渐晕开。

六、嘴唇修饰

标准的理想唇形是轮廓清晰，唇峰突起，上唇薄、下唇厚，上唇长、下唇短。对于一些不标准的唇形，需要我们进行化妆修饰。

（一）嘴唇太厚

嘴唇太厚是指上嘴唇过厚或下嘴唇过厚，或上、下唇都过厚。
修饰：将遮瑕粉底涂于需要遮盖的唇部边缘，用蜜粉定妆，接着用较深的唇线笔勾勒出标准唇形，然后用偏冷色的唇彩进行涂抹，这样能使厚的嘴唇在视觉上显得收缩。

（二）嘴唇太薄

与嘴唇较厚的情况相反，这种唇形的人显得小气、无力。
修饰：需要将双唇的轮廓向外扩展，即用唇线笔在双唇的轮廓外勾勒出合适的唇线，再将其填充颜色，使上、下唇的厚度增加、饱满，唇膏的颜色最好选用偏暖的颜色。

（三）嘴角下吊

下吊的嘴角看上去没精神，给人苦闷、衰老的印象。
修饰：使用遮瑕粉底涂抹唇的周围，特别是掩盖住下垂的嘴角部分，然后使用唇线笔画出新的嘴角上翘的形状。涂抹唇膏时，要在唇中部使用较浅的颜色进行提亮和点缀，突出唇的中部。

（四）嘴形较大

整个嘴形宽大，易给人一种粗犷、笨拙的感觉。
修饰：用遮瑕粉底涂抹唇的边缘，然后用蜜粉定妆。使用唇线笔在遮盖住的唇轮廓上进行勾勒，使唇形变薄、变小，然后用较为深色的口红进行填充修饰，让唇形收缩。

（五）嘴形较小

嘴形较小的人显得秀气、灵动，但易给人以不成熟的感觉。
修饰：使用唇线笔将唇的轮廓向外扩展，在唇的轮廓外勾勒出稍大一点的唇形，使上、下唇的形状扩大，然后使用浅色及偏暖色的唇膏进行填充。

(六)平唇

这种唇形的唇峰不明显,看起来缺乏线条美感。

修饰:使用唇线笔在上唇处勾勒出明显的唇峰,在下唇处的中央也描画出饱满的唇形,然后选用适宜的唇膏色彩进行涂抹即可。

第四节 妆容的分类与创意塑造

一、妆容的分类

(一)生活化妆

生活化妆也称淡妆,常用于人们的日常生活和工作中,表现在自然光和日光灯下。生活化妆要求对面部进行轻微修饰,以达到与服装、环境等因素的和谐统一。生活化妆又可分为职业妆和休闲妆等。职业妆由于职场环境与条件的需要,应营造一种轻松、干练的职业形象气质,妆面以简洁、大气、薄透为主。休闲妆的场合没有限定,可以随性一点,如妆容可以加强眼部、唇部的描画,并体现时代感。总之,生活化妆的妆色要求清淡、典雅、协调自然,化妆手法要求精练、不留痕迹,妆容效果自然生动(图3-18)。

图3-18 生活妆与职业妆

1. 肤色

肤色以自然、清透为主。为了显示皮肤光洁、清透的质感,粉底一般选用粉底液,颜色要选择接近本人自然肤色的色系,这样才能使肤色显得自然真实。粉底涂抹要薄而均匀,不宜过厚,否则会使肤色在自然光下失真,涂抹时注意面部与脖颈部位的色彩衔接。皮肤质感细腻的人,使用粉底时不需做面部整体的遮盖,可做"T"字部位局部涂抹,以增加肤色的轻薄透气性。如皮肤有瑕疵者可在使用粉底之前用遮瑕膏先进行遮盖,但要注意遮瑕膏与粉底的自然衔接。底妆上完后,可使用无色透明的蜜粉、散粉进行定妆,以减少皮肤出现的油光,并防止脱妆。

2. 眼睛与眉毛

眼影多采用单色晕染法,晕染面积要小,用色要与环境相协调,大地色、咖啡色均可,不宜使用较夸张的晕染方法。睫毛浓密、眼形条件好的可不画眼线,只需强调睫毛的漂亮曲线和浓度。眼形、睫毛条件一般者,可选用黑色或棕咖色眼线笔进行描画,线条要流畅自然,注意虚实结合。画完后要用笔揉开,使其尽量自然。睫毛膏的颜色多选深棕色和黑色。眉色的深浅不能超过眼线的颜色,一般选择深咖啡和棕色。眉毛描画要自然,虚实结合,也可先用眉刷蘸上眉粉刷出眉毛的形状,再用眉笔做进一步修整。

3. 腮红和唇色

腮红颜色要清淡柔和,如果面颊容易出现红晕,则可免去这一步骤。唇色应与妆容整体的色调协调统一,最好选择接近自己唇色的口红颜色。描画时尽量保持唇的自然轮廓。

4. 发型与服饰

生活妆的发型与服饰应体现当代的流行与时尚风格,并要与自身的性格、气质、职业、环境等相协调,整体造型要简洁大方,自然优雅。

(二)新娘化妆

新娘化妆主要指在新人结婚、举办婚宴的当天,为新娘所打造的妆容和造型。新娘化妆可以分为西式新娘化妆造型和中式新娘化妆造型。西式新娘化妆主要以白色婚纱为主体风格,中式新娘化妆则以中国传统唐装、汉服为主要风格,两类新娘造型在妆面上各有区别(图 3-19)。整体来说,婚礼是人们极为重视的仪式,化妆要体现女性的温柔之美,要给人以喜庆、端庄、典雅、大方之美感,妆容介于浓淡妆之间。

一般而言,一场婚礼主要由典礼仪式、婚宴、尾声三部分组成,新娘化妆要根据婚礼的程序有不同的造型。如在婚庆典礼开始时,新娘一般穿着白色的婚纱;在婚宴敬酒时,则换成中式唐装;在最后尾声时,有可能穿着礼服等。

此外,新娘化妆的造型要根据新娘的职业、性格、年龄等因素来整体把握,并将其贯彻到不同婚礼阶段的造型中,还要在不同阶段有不同的侧重点,需考虑到换服装时的对应性。

图 3-19 中式新娘与西式新娘妆

1. 肤色

新娘的肤色需着重强调洁白、细腻，因此在上粉底之前需调整好肤色状态，并用遮瑕膏掩盖面部的瑕疵。粉底的选择可根据皮肤的质地和季节选取膏状或液态粉底，并利用高光色和阴影色来强调面部的立体感。无论是婚纱还是礼服，其款式多以露颈、露肩居多，所以在上粉底的时候需将裸露在外的皮肤进行涂抹，以使整体肤色协调统一。

2. 眼睛与眉毛

眼部的化妆要自然柔和，眼影一般采用水平晕染法。眼影的色彩需根据新娘的肤色、服装及眼形的条件来定夺。如西式婚纱造型可采用咖啡色、金色等眼影色；中式唐装造型一般以红色为主，搭配以浅浅的粉红、珊瑚红等暖色晕染，但面积不宜过大。

为了强调眼部的神采和立体感，应加强对睫毛的修饰。睫毛条件好的可以直接涂抹睫毛膏；睫毛条件不好的，可以贴上修剪好的假睫毛。为了体现睫毛的真实感，假睫毛可以不用全部粘贴，最好用剪刀先进行修剪，将局部的假睫毛与自己的真睫毛进行贴合。眉毛的形状主要取决于脸形和眼形，可以进行强化，但眉色要生动自然，虚实过渡完美。

3. 腮红和唇色

腮红要浅淡柔和，充分表现新娘肤色的白里透红。唇的色彩要与服装色彩、眼影色彩搭配和谐，并且要经常注意补妆，以保持唇色的持久性。

4. 发型与服饰

新娘的发型要优雅大方。西式婚纱造型可以卷发、盘发，系扎于脑后，然后采用皇冠与白纱相结合固定于头顶，再搭配一些鲜花饰品作为点缀，也可梳理成当下的时尚发型，服装则以洁白的婚纱为主。中式新娘造型，其发型多以传统的发髻、包发、高盘发为主，并以红色头饰、盖头或发簪等进行装饰，服装以红色系列的唐装、汉服为主。

（三）晚宴化妆

晚宴化妆是指参加一些重大的社交活动，如宴会、酒会、高档派对的妆容，它强调化妆、发型与服饰的别出心裁与高度和谐，并要着力体现出惊艳、典雅、端庄的风格。由于晚宴的活动区域一般在室内和夜晚，其光源一般为人工光源，每个人的面部轮廓和五官会较朦胧，因此化妆时ว面色彩可以丰富、立体一些，五官的描画可适当夸张，充分体现女性的高雅、妩媚与个性气质（图3-20）。

图3-20　晚宴化妆

1. 肤色

可以选择浓厚的粉底膏,将基础底色、提亮色及阴影色进行强化,用提亮色将面部应突出的部位进行提亮,如鼻梁、额部中央、下颏等处;同时用阴影色涂抹于面部的凹陷部位,如脸部外轮廓、发际线边缘、鬓角处、颧骨下方、鼻梁两侧等,以表现出面部的立体感,结构分明。

2. 眼睛与眉毛

眼睛、眉毛的修饰要明显,眼睛的修饰要精美、大气、时尚。眼线可描画得略粗,以强化眼睛的神采。眼影色彩可以浓艳一些,方法可以多样,如选择红色、水蜜桃色等能将眼部的色泽表现得明艳动人,使用玫红色、紫色、蓝色等冷色系,可以增强眼部的凹凸结构效果。在眼部凸出部位,如眉骨的中央可以用少量带有荧光成分的眼影作点缀。晚宴妆一般会粘贴假睫毛,需注意眼线要与假睫毛相融合。眉毛按照正常的步骤描画即可,色彩可以稍微深重一点。

3. 腮红和唇色

腮红可以选择带冷色调的玫红色、粉红色或珊瑚色,与眼影色彩相呼应。腮红还可以与颧弓下陷部位的阴影色进行融合,以增强立体与自然效果。唇色可使用明艳的大红色或玫红色,唇的轮廓可用唇线笔描画清晰。在唇部中部需点上高光色,让唇部表现出丰盈的立体感。

4. 发型与服饰

发式要构思新颖,具有时尚性与现代性。如流行的锁骨发、大波浪卷发、高盘发等均可,同时还需与服装的整体效果协调。一般来说,服装可以选择各式晚礼服、小礼服、高级定制时装等,其色彩要与妆容相协调。

(四) 平面摄影化妆

平面摄影化妆主要是指用摄影器材拍摄一个妆容造型,将这一时刻记录下来,并作为静态的照片、图片呈现。这类化妆通常用在婚纱平面摄影、商业产品广告摄影、媒体推广宣传等方面。一个完美的化妆造型是摄影创作的基础和前提,因此,平面摄影化妆作品必须达到光影、环境、妆面、饰品与服装的和谐统一。化妆师进行造型设计之前要与摄影师进行沟通,了解作品的主题以及摄影师所要表达的意图,结合模特的个性特征,大胆尝试新的造型和创意。

随着数码时代的来临,数码相机的运用已相当普及。数码摄影化妆对光的要求与传统摄影有一些差异,如摄影时光线要柔和、亮丽,以适应清晰度高的数码摄影。数码摄影妆最大的特点是薄、润、自然。清透、典雅、体现肤色本身的质感是数码摄影要求的重点,即在化妆时要体现结构轮廓,强调五官的清晰度(图3-21)。

1. 肤色

要充分体现模特皮肤的质感。如化妆之前可敷面膜来调整模特皮肤的状态,使皮肤更易上妆。如果摄影化妆的模特是年轻人,其皮肤有光泽、弹性好,可以用粉底液,让底妆薄透一些;如果模特面部有雀斑、黄褐斑等瑕疵,或者有皱纹、年龄偏大,其底妆可以用粉底膏,打得偏厚一些。如面部缺乏立体感,可适当运用阴影色、提亮色进行面部轮廓与结构的调整。在拍摄时,还需要注意随时进行补妆,不能让面部出现油光感,否则会破坏光的层

图 3-21　平面摄影化妆

次,对后期的修片有不良影响。

2. 眼睛与眉毛

眼、眉的修饰要根据创作的主题运用不同的色彩及化妆技法,通常眼影色可运用咖啡色或米色强调眼部的轮廓,然后运用具有明确色相感的颜色加强眼影的色彩及晕染层次,过渡要自然柔和,同时还应根据服装、饰品、灯光的色彩选择眼影色。眼线的描画可以浓重,但要处理柔和,以求真实。如平面模特妆、明星写真妆、封面妆等这些化妆造型可以夸张眼部的晕染,如采用烟熏妆进行化妆造型。睫毛应根据需要适当夸张或粘贴假睫毛,以配合主题气氛;眉毛的描画要根据拍摄主题、人物五官特点和气质等进行适当改造或真实自然的描画。

3. 腮红和唇色

腮红要求自然红润,根据模特的脸形适当调整,以体现完美的结构轮廓。唇的轮廓线要清晰,唇形要饱满,可用透明唇彩滋润双唇,使唇部水润自然。

4. 发型与服饰

发型与服饰要符合人物性格与造型的特点,并与摄影作品的主题、风格相协调。如拍摄的风格是仿古的,那么发型就要以古代发式为依据,塑造得端庄、典雅一些,服饰要选用传统的古装造型;如拍摄的风格是前卫时尚的,发型就可以做得超前些、艺术性强些,服装也应与之相呼应,以现代主流风格为主。在拍摄中,选取一些小的饰品如珠链、羽毛、蕾丝等作为造型设计的点缀与辅助,更能完善和强化作品的艺术风格。

(五) 影视舞台化妆

影视舞台化妆是涵盖电视、电影、舞台化妆等艺术性极强的一种化妆类别,其运用各种化妆手段来改变或完善演员的外部形象,使之更符合剧本等人物形象的设计要求,帮助演员更好地发挥、更自信地投入其所扮演的人物角色之中。

虽然电视、电影、舞台化妆都属于人物形象的再造艺术,但其承载的媒介不同,传播的方式各异,在化妆造型时还是应当予以区别。

此外,电视、电影、舞台艺术的化妆造型需要充分考虑灯光的作用。舞台上特定的典型环境和气氛是由布景和灯光所创造的,这就要求化妆造型师必须了解舞台灯光的角度、明暗、色光对化妆、服饰色彩的影响。因为色光对于化妆、服饰色彩具有极大的影响，若光色与物色（妆容、服饰）的色相相同，物色会得到加强，变得更为鲜艳漂亮；若光色和物色的色相互为补色，物体的颜色就会变得阴暗发灰，甚至变黑；如果光色和物色是三原色中的任意两种，那么它们的叠加与融合则会产生第三色，如黄色的灯光打在蓝色的服装上，此时服装的色彩就会变为绿色。掌握这些规律，对舞台人物形象设计具有重要意义。

1. 影视剧化妆

影视剧化妆包括电影和电视剧人物的化妆创作，这是依据剧本来确定人物造型的一种化妆造型方式。由于传统的电影采用胶片拍摄，感光度和清晰度高，并在大屏幕播放，这些因素对化妆提出了很高的要求。即化妆造型不仅要符合剧中的时代背景、生活环境、人物特征，同时，还要求演员身上没有明显的化妆痕迹，即要求真实、自然。现代的电影多用数码摄像机进行拍摄，为了结合现代人的审美与思想，大多数情况都要求化妆师根据自己对于剧本、环境、主题的理解，进行再次构想和再创作，并与当代的流行与时尚相结合。如毛戈平在影视作品《武则天》中对武则天这一人物形象的塑造，将其从18岁化妆到80岁，并获得了大众的赞誉（图3-22）。由此可见毛戈平对于这一历史典故的了解，对剧本剧情的熟悉，以及对演员刘晓庆本人的五官、性格特征的熟悉。

图3-22　不同年龄阶段的"武则天"化妆

2. 电视节目化妆

电视节目化妆主要指在电视节目中主持人、嘉宾等人物的化妆造型。电视节目制作大多采用数码摄像机，其感光度和清晰度比胶片低许多，而且电视屏幕较小，人物相对来说压缩了，再配合演播室的灯光映衬，其化妆相对较容易。如果主持人或嘉宾的脸部结构不够理想，可以进行大胆的修饰，只要颜色晕染均匀，过渡自然，配合灯光的修饰，就可达到理想的效果。有时电视节目以特写的形式展示个人，所以在化妆时需要注意细节的把握，要让化妆造型更趋于真实、自然。值得说明的是，现代的电视节目丰富多彩，有新闻节目、娱乐节目、情感节目、选秀节目等，每一类节目的主持人着装及形象设计都不尽相同，来参与节目的嘉宾风格也需要进行特别的设计，所以形象设计师必须对节目的主题、宗旨、内容、录制现场、舞台、灯光、观众定位进行综合了解。如《新闻联播》的主持人造型应该是庄重、严谨、大方，其妆容必然是类似于职业妆的精致与沉稳；而《快乐大本营》等娱乐节目主持人的造型应该是欢快、活泼，其妆容可以愉快、轻松（图3-23）。

图 3-23 不同类别电视节目主持人化妆

3. 舞台化妆

演员在舞台上表演时与台下观众有一定的距离,所以必须采用夸张的化妆手法来描画舞台人物的面部表情。舞台妆强调眼部妆容和脸部结构的立体感,其化妆造型首先应严格从舞台人物的个性、气质出发,去塑造舞台演员的形象。形象设计师要认真研究舞台节目的剧本和内容,如果有可能,还应当到现实生活中观察体验,并研究参考大量的影像和文字资料,以帮助自己正确把握人物的主要外部特征(图 3-24)。

图 3-24 传统中国戏曲和国外歌剧化妆

(1) 肤色

在选择粉底时,应视舞台灯光照明的强弱而定。舞台灯光大多采用暖色光,加之照明度较强,所以可运用深一点的粉底色彩,配合局部的提亮、阴影色,增加脸部的立体感。舞台灯光如果采用白色照明光,其色彩还原能力强,这时就要运用正常色度的粉底,配合灯光,能更好地发挥其色彩特质。

(2) 眼睛与眉毛

在眼部妆容中要强调眼线和眼影的描画,上眼线可以粗浓,并向上飞扬,下眼线可描画在离开下睫毛一点的地方,这样可以使眼睛增大、有神。眼影的色彩可以根据人物的表情、性格、服装色彩进行选择,应该尽量浓烈些,再配合假睫毛、鼻侧影的描画,眼部的立体妆容就呈现出来了。眉毛的色彩可以稍微重一些,形状也尽量描画得明显。

(3) 腮红和唇色

腮红的色彩面积可以尽量宽广一些,深浅、浓淡、形状则要根据舞台人物的定位及灯光的强弱变化而定。面部的阴影色需要强化,并与腮红色彩结合起来,以达到修饰脸部轮廓、突出立体结构的作用。

(4) 发型与服饰

服装与发型需要根据演出剧情的内容和人物的性格来设定。

如戏剧艺术的一个重要特点就是以演员为主体,综合运用语言、歌唱、形体动作、舞蹈等,塑造出具备独特性格的人物形象。所以在塑造演员的角色时,除了根据剧本去挖掘人物的精神世界以外,还需要探索能够反映人物精神面貌的外部特征,这就形成了我们中国的国粹——戏剧脸谱,它让观众在演员出场之时就能一眼认出此人的身份、地位、性格特征,这正是舞台化妆艺术的主要任务和目的。

(六) 创意化妆

创意化妆是化妆师根据创意主题,结合模特气质特点、面部五官特征,为其进行融合妆容、发型、服饰于一体的化妆造型风格。创意化妆没有固定模式,一般可根据创意主题所要表达的内容进行天马行空、大胆的创作。创意化妆常见于模特走秀、人物形象设计大赛、创意晚装等个性化的艺术创作中。创意化妆要求化妆师具有深厚的文化底蕴,突出的创新思维,良好的表现,实践能力(图 3-25)。

图 3-25 各类创意化妆造型

1. 肤色

创意化妆肤色的修饰与其他化妆造型底色的要求有所不同,化妆师要根据创意主题所表达的意图,选择适当的底色与其相呼应。如一般的晚宴创意化妆,可以依据晚宴妆的化妆底色进行修饰;而进行人体彩绘的创意化妆,其肤色底色就需要根据彩绘的背景进行调整。

2. 眼睛与眉毛

创意化妆在很大程度上是眼部的创意装饰,因此,眼部的描画是创意化妆的关键。如眼影的晕染要求体现流行性、具有前瞻性,色彩要与创意的主题相呼应。眼线的描画可以依据中国工笔画的方法,虚实叠加,还可以通过写实的手法在眼部施以重彩来突出眼睛的神采;在材料装饰上,可以将一些立体图案,如花瓣、羽毛、珠片等装饰在眼影上,并利用化妆品的特殊质感来强调眼部的效果,如充满神秘气息的金属(粉末)质感眼妆、充满晶莹剔透质感的油膏状眼妆等均可作为创作的手段。眉形作为眼妆的衬托,可以发挥创意,如用一些水钻、花瓣、银粉贴于眉毛上,取得与眼部效果的呼应。

3. 腮红和唇色

腮红起着协调整体妆面的作用,在创意化妆中,腮红的位置、浓度、形状都可以根据创意主题进行设计与改变,但要注意腮红的色彩要自然柔和并要与肤色自然衔接,同时还需与眼影和唇的色彩相协调。唇的色彩可以突出,以营造富有立体感的靓丽双唇为主。在色彩上可选择与眼影色彩相反的对比色,或在唇部用彩绘的形式进行图案创作,或选用一些材质如水晶、亮钻进行粘贴等,都能强化创意妆的视觉效果。

4. 发型与服饰

发型与服饰是创意妆的重要组成部分。如根据创意主题,塑造一个流行与奇特的创意发型,并利用一些发饰、材料增加气氛,丝线、羽毛、假发、金属丝、花卉、植物材料均可用于发型设计之中;服饰的造型可以更加多变,根据妆容与发型的设计,可以选择传统或现代、精致或粗犷、繁复与简约的服饰造型,只要服饰的风格能更好衬托妆容、发型,符合创作意图即可。但需要注意的是,创意化妆的造型必须要确立一个统一的创意风格,发型、妆容与服饰必须统合在这一风格之下,才不会出现杂乱无章的印象。

二、各类妆容的创意塑造

通过上述各类妆容的特点和创作手法介绍,我们可以充分发挥自己的想象力与创造力,完成以这些妆容类别为主题的创意塑造,提升自己的形象思维与创造性设计运用能力,具体来看可以进行如下化妆类别的创作:

(一)生活创意化妆

包括日常妆,职业妆,郊游、休闲、运动妆的创新与运用等。

(二)新娘创意化妆

包括西式新娘创意化妆和中式新娘创意化妆。

(三)社交晚宴创意化妆

包括传统晚宴化妆与现代时尚派对的宴会创意化妆。

(四)平面摄影化妆

包括各类以模特表现为主的商业广告创意化妆及婚纱摄影写真化妆等。

(五)影视舞台化妆

包括电影、电视剧人物化妆,各类主持人、嘉宾化妆,演出歌手、舞蹈演员、杂技、京剧戏剧演员的创意化妆。

在教学过程中,教师可以将此部分内容作为作业和练习,引导同学们以个人或分组的形式来完成,评价标准为妆容是否符合主题的特征,是否有技法、材料上的创新,是否具有市场价值。同时还可以在课程结束后举办"创意化妆"大赛(图3-26),作为阶段性学习成果的检测,并邀请业内的知名人士或学者担任评委,不断激发学生的创造力、动手实践能力与艺术语言的表现力。

图 3-26　创意化妆大赛作品

第四章　发式形象设计与创意

第一节　发质、发式的分类与塑造

一、发质与发式

发质和肤质一样具有不同的种类。针对不同的发质，发式应该有所区别。因此，在进行发式设计前必须要了解发质的类别。

首先，可以将发质分为油性发质和干性发质。油性发质和油性皮肤一样，容易出油，出油之后就容易贴于头皮上，没有造型感；干性发质缺少水分，容易干枯、分叉，也是一种不良的发质。

其次，可以从发量上进行区分，如发量少和发量多。发量少即头发整体稀疏，不容易造型，这类发质可以进行烫发来改变。烫发时，在发根处使用烫发器进行烫发，可以烫得高一些，还可向外烫卷造成卷曲的边帽发型，发尾的轻柔飘动能加强立体感，这是表现发量感最佳的效果；发量多的则可以进行打薄、修剪到适中即可。

再次，可以从发质的粗细软硬上来分。发质粗硬的头发给人生硬的感觉，可以进行直线修剪，梳发时压低发量。这类发质的头发如果过短，就会竖起，所以粗硬而量多的头发，不适宜梳短发，而适宜留中长发，如在正面到侧面做边缘式剪削，这样发尾飘动时便会产生轻松的感觉。粗硬的头发在做造型之前，最好能先用油质护发剂梳理一遍，使头发造型时不那么坚硬。如果是发质细而柔软的头发，其可塑性强，梳理比较方便，尤其是梳俏丽的短发极为适宜。另外，细而柔软的头发做柔和卷曲的发型和小卷曲的波浪发型也很自然，不论长短都能保持卷曲蓬松的动感。

最后，可以从直发与卷发上来分。直发是比较正常的发质，由于这种发质很容易修剪得整齐，所以设计发型时可以特别在修剪上下功夫，做出有一定层次的优雅发型来。如果要做成卷发，最好能用大号发卷梳理成略带波浪的发型，会显得蓬松自然（图4-1）。但有的人是天然卷发，这种发式会给人一种散乱的感觉。如果将天然卷发剪短，其卷曲度就不会太明显，只有留长发才能显出其天然的卷曲度来。因此，拥有这种发质的人，如果想要尝试一下直发的滋味，就要减少发量，将头发剪短；如果想要留长发，可给人一种自然的美；也可以将头发在脑后挽成一髻，别具美感。

二、发式的分类

（一）按照长短分

发式有多种分类方法，如按照长短可以分为短发、中发、长发。精明强干或性格活泼的

图 4-1　直发与卷发

女性宜梳短发,因为短发整齐、易梳理,发型易保持。中发的适用范围较广,适合于年龄不同的各种脸形和各种性格的人,稍加打理,就能给人完全不一样的印象,或沉稳,或典雅,但梳理这种发型要有耐心,要心灵手巧。长发在所有发型中一直独占鳌头,是最富有女人味的,应该说大部分人都适合。

(二) 按照性别分

按照性别可以将发式分为男发、女发,男性发型要突出其阳刚之气,女性发式则应尽显其阴柔之美。

(三) 按照年龄分

按照年龄层次可以将发式分为儿童、少年、青年、中年、老年发式等。每一个时期的发式都需要体现这个年龄层的特点,并进行优化。

1. 少年时期

少年处于发育和学习期间,不宜烫发和做奇特的造型,应以简洁为原则,展现出自然美与天真、活泼的气质。如少女的发型可以是短发,如童花式、运动式等,也可以是中长发,进行编发、扎马尾等(图 4-2)。

图 4-2　少男少女发式

2. 青年时期

青年人会逐渐注意自己的打扮,他们有着自己的主见,一般都会选择新颖、美观、活泼的发式。如可以将直发梳成流行的轻羽型、内卷式等,长发可编成长辫、马尾,也可长发披肩。烫发可以局部使用,如进行整个发量二分之一、三分之一的烫卷,也可全烫。如要想体现聪慧、文雅的感觉,可将额前的头发梳光或者留少许刘海等(图4-3)。这一时期是青年随心所欲地展示自己的形象美的时期。

图4-3 青年男女发式

3. 中年时期

中年人应选择整洁、文雅、大方、线条柔和的发式。要了解自己的发质特点,纠正自己在某些方面的缺陷,可起到更显年轻的作用。如为了工作需要,可以将头发梳成短发,不留刘海或留少许刘海,体现大方、文静之感(图4-4)。在日常生活中,留直发、长发挽髻或烫发均可。烫发可以采用全烫工艺,将发丝往上、往后梳理,显得庄重美观。若想留披肩长发,则需要注意与自己的脸形、发质相匹配。

图4-4 中年女性发式　　图4-5 老年女性发式

4. 老年时期

老年人要根据自己的年龄特点和身体、生活状态选择发型,一般需要体现庄重、整洁、简朴、大方,建议以短发为主。无论头发已灰白或黑白参半,甚至全白,只要整齐、清洁,即使样式不太新潮,也一样会别有韵味(图4-5)。具有艺术气息的老年人也可以留中发、长发挽髻,凸显自己的个性。

(四) 按艺术状态分

按照发式呈现出的艺术状态,可以分为自然型、动感型、个性型、韵味型、装饰型、古典型、新立体派型等几种类型(图4-6)。

自然型：强调朴素、自然,不过分修饰,体现出一定修剪层次的技术美。

动感型：突出流畅、奔放、跃动的特点。

个性型：强调个性、气质与发式相一致,特立独行。

图4-6 不同艺术状态的发式

韵味型：体现出发式的曲线柔美及节奏变化,是节奏与韵律的统一。

装饰型：显得生动活泼,常用一些新的装饰技巧或者道具来打造,强调美化作用。

古典型：以仿古和古典美为潮流,如挽髻、高髻、盘发、梳辫等。

新立体派型：强调发式的容量和体积感,打造后有立体浮雕般的空间体积效果。

总之,发式设计要综合考虑个人不同的身体特征(如脸形、体型、发质、肤色等)、性别、性格、职业、气质等多方面因素来进行。

三、不同形象的发式塑造

在日常生活中,不同的场合需要不同的形象设计,不同的形象设计就需要有不同的发式来映衬。以下针对几种重要的形象介绍其发式的设计及图解。

(一)新娘发式

在新娘的形象设计中,发式是很重要的,如浪漫的新娘花环发型就受到很多新娘的喜爱。以下这款新娘花环发型,将编发融入到整体发型之中,点缀精致花环,将新娘的靓丽动人演绎得淋漓尽致。

步骤1：将全部头发向后梳,从头顶中间开始,取右边的部分头发,用发蜡调理顺滑、无碎发后,以麻花辫式样编成蝎子辫,在头顶处要编得松散,尾部编得紧实,左右相同。

步骤2：将左右两边的蝎子辫在头顶正上方汇合,彼此的发根与蝎子辫发尾相压,在头顶形成一定的高度,用发卡固定。

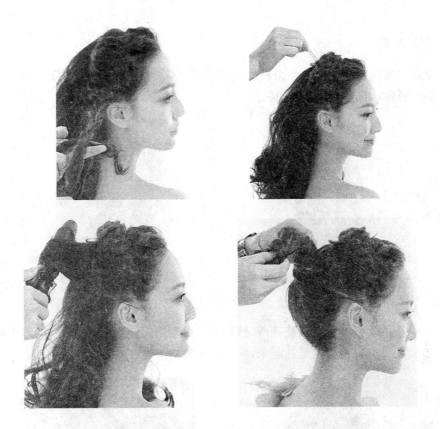

步骤3：用大号电卷棒将余下的长发卷出完整的波浪卷，再打散，形成层次感和蓬松度，尤其注意在脑后的部位塑造出空间感。

步骤4：将这些波浪卷轻轻抓起，保持发根部位的蓬松，然后按一定的方向慢慢卷动，边卷边向上盘起，最终停在后脑最高处，并用发卡固定好，将发尾和碎发藏住。

步骤5：戴上花环，以发蜡抚平鬓角及耳朵上方的碎发，从前面看起来的整体效果是干净利落的，但在脑后的编花部分，可以用发卡挑出四五根碎发出来，打造随性的美。

完成效果（正面）

完成效果（背面）

(二)时尚发式

时尚发式是现代比较流行的一类发型,它制作简单、效果突出,可以用在生活、职场、会务等场景中,集精致、优雅、婉约为一体。

步骤1:前面的头发全部向后梳顺滑,然后稍微往侧边扭转卷曲,用黑色U形卡固定。
步骤2:将头发全部用橡皮筋扎起来,然后将头发向上弯折,打造出小发包。

步骤3:将剩余的发尾围绕发包扭曲,遮盖到捆绑头发的橡皮筋位置,用U形卡固定。
步骤4:用发夹夹住下半部分的尾部头发,侧边用发饰装饰即可。

完成效果

(三) 生活发式

生活发式是在生活、休闲、度假等场合,随性随意地编织出的一类发式,它没有过多的讲究和规律,符合人们轻松闲暇的慢节奏生活风格。

步骤1:从右(或左均可)前方分出侧边一缕头发,脑后的头发用发夹固定。将侧边分出来的头发分成三股编织,尽量贴近前额,沿着发际线边缘编织。

步骤2:当编好的辫子到达耳朵边时,将脑后的头发也分出一股进行编织。

步骤3:重复上一步骤直至编织的辫子完全到达脑后,再用皮筋固定起来。

步骤4:另一侧辫子的编织也是同样的技巧和步骤。

步骤5：将两侧编织好的辫子合二为一，用橡皮筋扎好。

步骤6：从中拿出一小股头发沿着皮筋缠绕覆盖住刚才合二为一编织好的发辫。

步骤7：戴上小碎花装饰的发饰或发带，即可完成。

(四) 晚宴发式

晚宴发式是参加重要晚宴和社交活动所必备的发型，是体现个人气质与高贵的亮点，晚宴发式一般为盘发，要与服装的造型和人物的气质、风格相协调。下面这款晚宴发型结合烫发与编发，将女性的优雅、高贵气质衬托得十分精彩。

步骤1：用中号电卷棒斜向将头发烫卷，从后面开始，呈现出波浪般的层次感。

步骤2：将头顶部的头发以垂直提拉的方式用电卷棒水平烫卷，电卷棒在头发根部的停留时间可以稍微长一点儿，以更好地定型。

步骤3:侧发区的头发同样用电卷棒以水平烫卷的方式处理。
步骤4:将刘海区按左右3∶7的比例分区梳理。

步骤5:将头顶的头发取片,一层层进行倒梳打毛,让脑后区显得更加饱满。
步骤6:将倒梳打毛过的头发表面处理光滑,做成小发包固定在后脑枕骨处。

步骤7:将左侧刘海区平均分为三缕头发,并用发夹固定。
步骤8:将刘海区的第一缕头发倒梳打毛,运用卷筒技法并固定。

步骤9:将刘海区的其余两缕头发依次倒梳打毛,运用卷筒技法并固定在前一缕头发的旁侧,沿着刘海发际线逐渐成型。

步骤10:将刘海区另一侧的头发用两股拧绳方法拧好备用。

 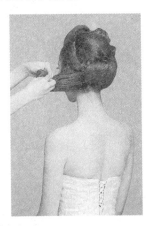

步骤11:将拧好的头发固定在刚才倒梳打毛好的卷筒盘发旁。

步骤12:将后发区的剩余头发逐一进行倒梳打毛,并运用卷筒技法逐一固定在枕骨下。

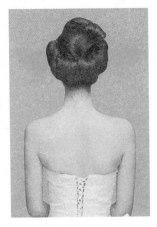

完成效果

最后还可加入一些精致的发饰予以点缀。

（五）创意发式欣赏

第二节 发式与人体的关系

人与人之间自身条件的差异很大,包括头型、脸形、体型以及它们之间的比例关系等。因此,不同的人所适宜的发式也各不相同。这里我们重点学习发式与个人的脸形、肤色、身高、体态、服饰等因素之间的关系,为塑造一个适宜的发式造型提供基础。

一、发式与脸形

从发式与脸形的关系来看,发式能起到烘托脸形的作用,还能利用发式弥补头型、脸形的缺陷。因为人的头型有大、小、扁、圆之分,颈项则有长、短、粗、细之别。它们之间又各有交叉,从而就形成了各种不同的"型"。在处理发式时,要根据人的头、脸、颈等部位的特点综合考虑,以弥补缺陷。具体方法如下:

(一) 遮蔽法

遮蔽法主要是利用头发发量和式样组合成适当的线条或块面,以弥补头型、脸形轮廓的某些不足。即在视觉上把原来比较突出而又不够完美的脸形部分遮盖掉,或将不美观之部位进行弱化。比如,用"刘海式"发型遮挡过高的前额可以让长脸看上去不那么长(图4-7),或以"双花式"发型遮挡两侧过宽的额角等,以削弱方形脸的硬朗。

图4-7 刘海遮蔽法

(二) 映衬法

图4-8 映衬法

映衬法是利用两侧和顶部的一部分头发进行衬托的方法。即将部分头顶头发梳得蓬松或紧贴,改变发型的轮廓,以分散对原本过于扁平、瘦长、狭窄的脸形的注意力。如对于圆形脸的发型设计,可以将顶额头发向上梳,使其高而松,下额两侧头发收紧,使脸形拉长;如果是扁平脸形,发型的起伏要大,以增加脸形的立体感;如果是立体感较强的脸形,一般宜梳线条柔和的发式,线条的起伏要适当,以突出立体的五官(图4-8)。

(三) 分割法

分割法主要是通过对头发面积的分割和堆积来配合脸形,使脸形看上去有开阔或缩小的感觉。如额宽的脸形,头顶部发量要做得高,可以减少脸宽的感觉;而额窄的脸形,则可以将头顶部发量压低一些,尽量往左右两边扩展,使额部显得宽阔(图4-9)。

图 4-9　分割法　　　　　　　　图 4-10　填充法

（四）填充法

填充法是指利用头发和饰物或填充物来填充头部某些部位的不足。如后脑勺扁平的头型，可利用头发本身的条件，将后脑勺头发打毛、梳成束结、盘辫、挽髻等，这些都能对脑后部的头型起到填补的作用。还可利用蝴蝶结等花式发夹、插花或假发等进行二次装饰，使瘪塌的部分显得饱满（图 4-10）。

不同脸形的人，其发式需要根据其脸形的特点来进行设计与修饰（图 4-11）。

椭圆形脸：这是最标准的脸形，无论长短发都比较适合，但要注意不要设计成夸张怪异的发型，选用自然、随性的发型，展露出标准的脸蛋即可。

圆形脸：要强调头顶的发量，如将头发堆高或者打毛。女性还可以留中长发，进行三七分，并用斜刘海遮住部分额头及脸颊，以此来减少脸的圆度。

方形脸：发量应在头顶加高，将头发梳向两边，直垂到下颌，可以用卷棒将垂下的发尾烫成内卷，以遮盖方大的两下颌骨，还可将刘海倾斜梳向一边，遮挡部分脸庞，创造出窄长的面容效果。

长形脸：这类脸形的女性宜选用头顶呈圆弧形或前额有刘海的发式，并在两侧向外梳成卷花，以拉宽脸的宽度。男性宜采用"蘑菇"式发型，在发顶堆高隆起，使两侧头发蓬松。

正三角形脸：这种脸形的人应将头发打毛或进行蓬松处理，堆于头上部，以修饰过于突出的头顶，让额头部位圆润。还可以修剪适量刘海，让左右分出的发型遮盖两腮，减少下颌骨的宽度。

倒三角形脸：这是现代审美中公认的最佳脸形，也是女性心目中理想的脸形，只要注意扬长避短，无论什么发型都能美观大方。但从气质上来看，中分头缝、左右均衡的发式更能增加端庄的美感。

菱形脸：这类脸形的人应将头顶的发量做多，形成自然蓬松之感，下面的发型可以烫卷内收，适当遮盖过高的颧骨，并弥补下半边脸形的尖锐。

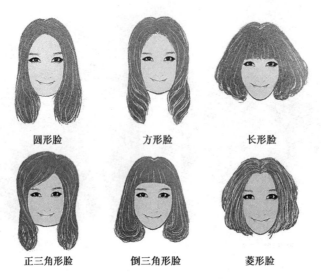

圆形脸　　方形脸　　长形脸

正三角形脸　　倒三角形脸　　菱形脸

图 4-11　不同脸形的发型修饰

二、发色与肤色

不同种族的人具有不同的发色，各种发色能为发式增添无穷的表现力。适宜的发色还可以衬托出脸部的气色，呼应服装的色彩，使整个形象色彩统一协调。通常来说，人类头发的色彩囊括了从最浅的白色、金色、银色到最深的红黑色或黑玉色。如欧洲人的发色以金黄色、银色、亚麻色为主；亚洲人的发色以深棕色、黑玉色为主；拉美、非洲人的发色则多以红褐色、古铜色、咖啡色为主（图 4-12）。现在的科技手段可以让人们随心所欲地通过染料改变发色。以下是几种常见的染料及染发方式：

图 4-12　亚洲、欧美、非洲人的发色

（一）彩色发胶染色

彩色发胶的色彩比较艳丽、纯正，分为单色和混色两种。单色发胶有红、黄、蓝、绿、紫、白等，混色发胶是以红、橙、黄、绿、青、蓝、紫等彩色混合而成。彩色发胶属于临时性装饰着色,使用时,向头发上一喷即可,其色泽鲜艳,效果明显,如要去除,水洗即可,其携带与使用都很方便,适用于聚会、晚会及一些临时性的活动(图4-13)。彩色发胶可以对头发进行整体染色,也可以进行局部染色,但局部染色效果更佳。由于彩色发胶的色调纯度较高,因此不适宜在日常生活中使用。

(二) 焗油染色

这是一种传统的经典染色方式。焗油染色保留的时间较长,能持续几个月的时间。焗油染色的色彩也较为丰富,焗油染色一般需要在美发店进行,由专业美发师进行操作。焗油染色的色彩不绚丽、不夸张,较适用于日常生活中(图4-14)。

图4-13　彩色发胶染发效果　　　　图4-14　焗油染发效果

(三) 染膏染色

染膏染色的持续时间也比较长,可以达到几个月。其特点是色彩丰富,具有冷、暖的变化,色度变化富有层次,既有强烈的色彩也有柔和的色彩。用染膏染色配合发型设计,可以充分发挥其优势,因为染膏不仅可以使用单一色调,还可以将色彩进行组合、挑染搭配等。染膏染色适用范围广泛,在不同类型、不同场合、不同风格的发式色彩设计中均适宜(图4-15)。

(四) 漂染染色

漂染是一种现代比较流行的改变发色的方法,它是部分或全部去掉头发原有的天然色素从而让发色变浅的方法。在漂染过程中,头发的色素要经过不同阶段的色彩变化。如黑色头发漂染时要经过由黑色变成褐色,由褐色变成暗红色,再由暗红色变成金黄色,最后变为近似亚麻色或白色。漂染一般和挑染相结合,即将头发色彩漂染变浅后,再用其他颜色进行局部头发的染色,能表现出活泼、个性的时尚效果(图4-16)。

值得注意的是,染发时一定要让发色与个人的整体形象色调相和谐。一个人形象的整体色调是由自然肤色及身上所穿服装的颜色所组成的色彩组合。自然肤色是由个人肤色、发色和眼睛的颜色组成的,如果要改变发色,就必须注意所选择的发色首先要与自己的自然肤色相和谐。由于发色在大多数情况下是由它的光亮部分所决定的,也就是说,不同颜色的头发一般会呈现出一种或冷或暖的整体外观。因此,发色与肤色、眼睛颜色的匹配度可以从冷暖、深浅两个方面来探讨。即按照四季色彩理论,将发色与人体色进行对照选择。

图4-15　染膏染发效果　　　　　图4-16　漂染染发效果

暖色调浅色——皮肤色调以黄色为基色,色度较浅,以春季型人为代表。这种类型的肤色宜选用同为暖色调并为浅色的发色,如浅茶色、驼色、金黄色等。

暖色调深色——皮肤色调以深黄色为基色,色度较深,以秋季型人为代表。暖色调的深色头发最适合这种类型的皮肤,如金棕色、深棕色、红褐色、咖啡色等都是最佳选择。

冷色调浅色——皮肤色调以粉色为基色,是较浅的皮肤色调,以夏季型人为代表。这种类型的肤色宜选用同为冷色调并为浅色的发色,如银灰色、淡紫色等。

冷色调深色——皮肤色调以粉色或蓝紫色为基色,属于偏深的冷色调肤色,以冬季型人为代表。这种类型的肤色适合选用蓝黑、蓝紫、紫黑等冷色调且颜色较深的发色。

三、发式与身高、体型

在观察一个人的时候,我们往往会将头部的面容和发型作为一个整体来观察。例如,头部体积的大小会影响到整个人体身材高矮的印象,所以需要针对个人的身高、体型进行发式的选择与改变。如头大的人若选择大波浪等蓬松的发型会让人觉得头大身子小,所以应尽量选择适中的发型和发量;而身材中等、头颅较小的人可以随意选择多种发型,但以流畅、动感的中长发和略带卷曲的波浪式发型为佳;身材高而头小的人若梳简短的发型或紧束的发髻也会让人觉得上下不稳定、不协调,可以在发式上进行蓬松的卷发处理或打毛,以增加发量的形式进行改造。除了身高,人的体型还有胖瘦之分,利用适当的发型能够弥补身材体型的不足,改善各部位的比例关系,使人的整体形象得以优化。

(一)矮小体型

身材矮小的人尽量不要留披肩长发,这样会使身材显得更矮。可以选择一些中短发或超短发型,这样可以将头发与头廓相融合,如再适当做一些波纹卷曲,看上去会显得轻巧活泼。如果喜欢长发,可以在头顶部做一个发髻或扎一个马尾,这样能将身体重心上移,掩盖低矮感。

(二)高大体型

身材高大的人应选择线条优美的蓬松发式,如柔美的长波浪、齐肩的流线型、长长的马尾发式等。如果选择短发,则会显得头轻脚重,整体形象不协调。

(三)颈长的体型

颈长的人较容易选择发型,长短皆可。如选择超短发型时,要注意颈背部的修饰,以免显得过于单调。可以将颈背部的头发留得稍长并做一些小的卷曲,这样既避免了单调,又能展现出优美的脖颈。用带花边的立领、真丝围巾或者项链装饰也可弥补这种单调感。

(四)颈短的体型

颈短的人不宜留长发,这样容易造成脖子更短的感觉。尽量选择简短的发型会更好。还可以将两鬓的头发向后梳,发尾向外翻卷,也能让脖子显得稍长一些。

(五)后枕部扁平的头型

后枕部扁平的人宜选择短发、中长发,因为短发和中长发在头顶和后脑勺之间会稍稍隆起,可以掩盖后脑扁平的缺陷。还可以在脑后编辫子、梳髻或装饰蝴蝶结等,用饰品来进行遮盖。

(六)头部比例较大的体型

头部比例较大的人不宜选择头顶部蓬松、高耸或大波浪的发型,以免使头部显得更大,可以选择打薄、修剪得精致的小波浪中短发式。

(七)肩宽、臀窄的体型

肩宽、臀窄的人宜选择下半部头发略显蓬松的发式,如烫成波浪卷发,将其长度留在肩部,或扎一个长马尾,以发盖肩,这样可以掩盖肩部宽大的缺陷,又能将视觉中心往上移,忽略臀部的窄小。

(八)上身比下身长或下身与上身等长的体型

上身比下身长或下身与上身等长的人的发型宜选择略长一些,这样可以掩盖其上身过长的缺陷。

第三节 发式与服装的关系

发式与服装的关系主要体现在发式与服装款式及发式与服装色彩两个方面。

一、发式与服装款式

服装款式造型是由服装外轮廓、内部结构、各部位比例以及点、线、面等形式美要素组成的。服装根据面料的特点所形成的视觉感受有挺括感、收敛感、笔直感、飘逸感等,从而也就形成了不同的服装外轮廓,如直线形、曲线感等。发式设计要与服装的这些特点相呼应,才能取得和谐统一的效果。例如,以直线形为主的职业套装,配合简洁、干练的短直发或将长发束起的高马尾,能打造出精明能干的职场女性形象(图4-17)。相反,如果职业套装搭配一头蓬松的大波浪长发,其干练风格将会大打折扣。又如,浪漫风格的女式裙装,一般有裙褶、花边等装饰,面料较柔软,如搭配波浪形的卷发,更能凸显女性的温柔与妩媚(图4-18)。如果搭配干练的直发和短发,整体就不甚协调。此外,发式的风格也应与着装的环境相协调。如在会议场合,穿着庄重、严肃的服装就不宜搭配过分随意、蓬松的发式;而在休闲场合,穿着随意、洒脱的服装,也就不太适合搭配拘谨、严肃的发式。

图4-17 生活、职场发式与服装款式

图4-18 浪漫风格发式与服装款式

二、发色与服装色彩

头发色彩与服装色彩的搭配首先需要依据个人的四季色彩理论,在此基础上进行发挥与创造。同时需遵循色彩搭配的几项原则,如果希望达到对比强烈、光彩夺目的效果,可以使用对比色或互补色进行搭配。如发色为黑色,为了取得对比,服装色彩就可以选用红色、银色、白色等。若希望达到和谐呼应、不那么出跳的效果,就可以运用同类色、近似色对比来进行搭配。如发色为金黄色，为了和谐，服装色彩就可以选用黄褐色、咖啡色等。在冷暖搭配上，发色若为冷色系，服装色彩也应选择冷色系，这样能取得呼应、和谐的效果，如蓝紫色的染发搭配蓝紫色的服装就非常和谐。发色为冷色系，服装色彩若选择暖色系，这时候能形成对比夸张的视觉效果，如蓝紫色的染发与橙黄色的服装等（图4-19）。反之亦然。总之，发色与服装色彩的搭配要根据个人情况、性格、场合、环境、时间来定，其原则都是为了塑造更好的个人形象。

图4-19　发色与服装色的呼应、发色与服装色的对比、发色与服装色的协调

第五章 服饰形象设计与创意

第一节 服装的定义与分类

一、服装的定义

服装泛指衣服、鞋帽、包、玩具、饰品等的总称,多指衣服。服装在形象设计中占有的面积最大,对整体形象设计的塑造与影响也较大。了解服装的类别、要素、设计方法、搭配技巧等,能让设计师更好地发挥其在形象设计中的作用。

二、服装的分类

服装品类繁多,其分类方法也有多种:

1. 按性别分:可分为男装和女装。
2. 按年龄分:可分为婴儿装、幼儿装、儿童装、少年装、青年装、中年装、老年装。
3. 按材料分:可分为天然材料服装和人造材料服装。

天然材料有棉、麻、丝、毛、皮几大类。

人造材料即指通过人为的化学手段合成的材料,如腈纶、丙纶、氨纶、涤纶等,另外还有用天然材料与化纤材料混纺而成的新材料。

4. 按气候分:可分为季节服装、地带服装、气候服装三类。

季节服装,如春季服装、夏季服装、秋季服装、冬季服装。

地带服装,如热带服装、寒带服装、温带服装。

气候服装,如防寒服装、防暑服装、防雨服装、防雪服装、防风服装。

5. 按用途分:根据使用目的的不同可分为礼服、休闲服、居家服、职业服、运动服、舞台服、劳保服和特殊服等。
6. 按历史时期分:即按服装发展的历史阶段可分为古代服装、近代服装、现代服装和当代流行服装。
7. 按地域分:按服装所处的地域可分为中式服装、西式服装和各少数民族服装等。
8. 按着装部位与着装层次分:可分为上装、下装、内衣、外衣、裤装、裙装等。

第二节　服装设计的三要素

服装不仅仅是人们的生活必需品,还可以看作是一种综合的艺术形式,是款式、色彩、面料、结构、制作工艺等多方面要素的结合。从设计的角度讲,款式、色彩、面料是服装设计过程中必须考虑的三个重要因素,称为服装设计的三要素。

一、款式

款式即服装的外部轮廓造型与内部结构的统称。款式造型也是服装设计中最重要的内容。服装款式首先与人体结构的外形特点、活动功能有关,又受到穿着对象与时间、地点、场合等诸多因素的制约。款式设计可以细化为服装外轮廓造型设计、内部结构与线条设计、服装细节与部件设计几个方面。外部轮廓造型设计往往决定服装外观的主要特征。按外部轮廓特征可以概括为字母型(如 A、H、T、X、S 形)、几何型(如长方形、圆柱形、梯形)、物态型(如沙漏形、酒杯形、郁金香形、茧形)几类。当确定服装外部轮廓造型时应注意其比例、大小、形状、体积等关系,力求服装的整体造型优美和谐,富有形象性。服装内部结构与线条设计主要是裁片、分割线的设计,它以人体的体型特征为依据,重点在于塑造出服装的结构美感,从而能更好地突出人体的形体美,如省道线、公主分割线、背缝线等都是使服装形成立体效果的重要线条,其不同的设计能形成或优雅、或潇洒、或活泼、或成熟的服装风格。服装细节与部件设计一般包括领子、袖子、口袋、腰头、纽扣及其他附件的设计,进行细节和部件设计时,应注意布局的合理性,既要符合结构规范、注重功能性作用,又要符合美学原理,让细节完善整体服装的艺术风格。

二、色彩

色彩是服装设计中极具感染力的因素,它能带给人强烈的视觉感受。著名服装设计师皮尔·卡丹(Pierre Cardin)曾说过:"我创作时,最重要的是色彩,因为色彩很远就能被人看到,其次才是式样。"的确,色彩具有强烈的性格特征,具有表达各种感情的作用,不同的色彩设计与搭配会带给人们不同的视觉与心理感受,从而使人产生不同的联想与美感。如晚礼服使用纯白色会让人感觉到纯洁、高雅,使用红色则表示热情、华丽。在设计一套服装或系列服装时,需要根据不同人的色彩季节属性、穿用场合、风俗习惯、心理欲求、季候等来决定色彩。如选用一种还是多种色彩、明度纯度如何、是冷色还是暖色调,这些都需要经过反复推敲和比较,力求达到一定的准确与适宜性。服装图案也是服装色彩中重要的内容,其变化更加丰富多彩。服装图案按工艺分类可分为手绘图案、印染图案、刺绣图案、镶拼图案等;按题材可分为动物图案、植物图案、人物图案、几何图案等;按构成形式可分为单独纹样、连续纹样;按构成空间可分为平面图案和立体图案等。要熟知这些不同图案的特点及装饰手法,将其合理地运用在服装及色彩设计中,才能取得最佳的效果。

三、面料

面料是服装成型的基础,也是服装制作的依据。任何服装都是通过对面料的选用、裁剪、工艺制作,达到穿着、展示的目的。因此,没有服装面料,就无法体现廓形的风格、款式的结构、色彩的搭配。可以说,不同面料的性质、组织纹样、外观特点不同,其制作出的服装效果及带给人的视觉与触觉感受也截然不同,如丝绸面料细腻光滑、棉麻面料柔软透气、呢子面料粗糙厚重、皮革面料硬朗挺括。我们需要熟知这些面料的性能和体现出的特点(如悬垂感、轻薄感、厚重感、挺括感、柔软感等),才能塑造出适宜的服装风格与造型,特别是现代服装对于面料的质量及外观要求越来越讲究。面料的再次设计也显得更加重要,设计师需要充分发挥自己的创造能力,要研究面料所呈现的种种肌理效果与美感,并使用不同的技法,对面料进行装饰、重组等创新设计,将实用性和审美性完美结合,营造出丰富的面料视觉语言,以形成新的、别具一格的服装风格,提升服装的艺术价值与经济价值。

第三节　形象设计中常用服装介绍

一、礼服

礼服原本是指人们参加婚礼、葬礼和祭礼等仪式时穿着的服装,现则泛指出席某些宴会、舞会、联谊会及社交活动等正规场合所穿的服装。礼服具有奢华精美、正统严谨的风格特点,带有很强的礼俗性。礼服的种类很多,从形式上可分为正式礼服和非正式礼服两种;从穿着时间上可分为昼礼服和晚礼服两种。礼服的外观造型优雅、大气,具有很强的艺术情趣;礼服的色彩华丽、脱俗,具有唯美的视觉效果;礼服的面料多以高档的丝织物为主,工艺制作和装饰设计也非常精致、考究(图5-1)。

图5-1　经典礼服式样

二、休闲服

休闲服是人们在生活中和一般社交场所穿着的服装,这是相对于严谨正规的工作职业装和礼服而言的。休闲服是由人们追求轻松、崇尚自然质朴的生活方式所产生的,也是现代社会追求高品质和舒适生活的充分体现。休闲服具有很广阔的应用空间,各类人群都可穿着,没有禁忌,其着重强调舒适性、随意性、休闲性。休闲服的款式风格设计可以五花八门,面料可以多种多样,色彩也是尽可能地搭配自由,已成为现代服装设计产品的主要门类(图5-2)。这种群体性、流行性的市场定位使得休闲服装一直占据着整个服装销售市场的主流。

三、职业服

职业服是指在有统一着装要求的工作环境中穿着的服装,是依职业特点而划分的功能性服装,也是各种职业工作服的总称。不同的职业服要根据不同职业、工种的需求而设计,如酒店制服、办公服(职业时装)、国家机关人员制服、军服、学生校服、交通民警服、劳保服等(图5-3)。办公服(职业时装)是指从事办公室工作或其他白领行业工作时所穿着的普遍

图 5-2　男女休闲服装

性服装,其设计应讲究品位,用料考究,造型简洁、高雅,要充分体现穿着者的身份、文化水准及社会地位。国家机关人员制服则是指国家机关、部门工作人员统一穿着的服装,其具有相对固定的款式造型、色彩与面料规范,设计不能轻易改动。特种功能的劳保服在设计时要突出其功能,还应结合人体工程学,从人体结构形态出发,方便穿着者身体的活动,并在工作或生产时起到保护作用。

图 5-3　国家机关工作人员与酒店服务人员制服

四、运动服

运动服是我们在生活中最常见的一类服装,可分为专业运动服和运动时尚便服两种(图 5-4)。专业运动服是指在各种体育运动、专业赛事、登山、滑雪等专业运动中运动员所穿着的服装,其具有舒适、方便、轻快的特点。而运动时尚便服则与休闲服类似,人们在运动和休闲的时候均可穿着。运动服装的轮廓造型以 H 形、O 形居多,这样的款式自然宽松,便于活动;运动服的色彩一般较为鲜明,如以白色、黄色、蓝色、红色等进行拼接撞色,以达到醒目、提神的效果;运动服的面料常以透气、吸湿、机能性强的棉和针织面料为主。近年来专业运动服的设计也融合了更多的流行元素,向着时尚化、实用化兼顾趣味性的方向发展。

图 5-4　专业运动服与时尚运动服

五、儿童服

儿童服装是一类特殊的服装。儿童服装按照年龄阶段可以分为婴儿服、幼儿服、学龄服、少年服等。儿童与成人不同的一点在于儿童是不断成长发育着的。由于儿童的成长过程是不均衡的,每个年龄段的服装都有其设计特点与之相适应(图 5-5),所以设计师应充分

图 5-5　不同年龄阶段的儿童服装

研究儿童心理、生理的成长与变化，以满足他们在不同生长过程中的着装需要。儿童服装在很大程度上要以功能为主，如口袋的设计、面料的吸湿排汗设计与御寒保暖的设计；儿童服装的廓形特点一般为O形、A形，这类廓形较宽松，能让儿童穿着舒适；儿童服装的色彩一般为鲜艳的三原色、三间色等，符合儿童敏锐的视觉感知，同时还可以增加一些趣味的图案作为装饰，起到益智、美育、教化的作用。

六、舞台演艺服装

舞台演艺服装是与日常生活服装相区别的一类服装，主要包括舞台服装、影视剧服装等。其中，舞台服装包括舞台上的戏剧服装、舞蹈服装、演唱服装、演奏服装、表演服装等（图5-6），影视剧服装则指在拍摄影视剧时人物所穿着的服饰。因形式与内容的不同，各类演艺服装设计的要求也不一样。如舞台服装是在舞台这一特定环境下所穿着的服装，其艺术成分较多，是一种增强艺术感染力的道具，在设计上可以极具夸张性，如歌手服装、舞蹈服装可以尽善尽美，以现代流行审美元素为特征，加入所要表现的节目主题进行创作。而影视剧服装是为了塑造人物性格，能让观众从服饰造型上了解这一角色的性格特征，并能感受到人物所处的时间、地点等环境特征，所以每一件服装都必须完美地适合于它所要衬托的人物，在服装的款式、色彩、面料上都要尽量准确地再现该剧的历史时代风貌并反映角色真实的性格特征。所以设计师在设计之前，要查阅相关时代的图文资料，研究有关时期服装的特征与人物造型，加入自己的创新意识，才能较好地完成这一类服装的设计。

图5-6 戏曲服装与芭蕾舞服装

第四节 服装与人体的关系

人体是自然的造物，人体也是最早的艺术表现对象之一。古代欧洲的绘画、雕塑多热衷于表现人体，艺术家将人体视为最美的艺术形体。形象设计艺术是实现人由自然属性向社会属性转化的实用艺术。但现实中的人或者说人体，总会有这样或那样的缺陷与不足，因此，在进行服装设计与搭配的过程中，必须对人体的体型与服装的关系有深入的了解，以做到扬长避短。

一、体型的概念

体型就是指人体的高矮胖瘦、身体外轮廓及各部位之间的比例关系。骨骼、肌肉和皮肤是构成体型的三大要素，不同高度的骨骼、不同状态的肌肉和皮肤质感就形成了各种不同的体型特征。一般而言，标准体型是相对于一个人的身高来对其各部位进行尺寸测算与权衡，并依据视觉对其身体外形的高矮、胖瘦、宽窄等目测尺寸和比例结构来进行综合判断的。通常标准体型可以用一个人头与身体的比例进行测算。如身体比例为7个半头长或8个头长，上身的坐高至少为全身高的1/2，或下身比上身略长一些；两臂垂下时，手的中指指尖到大腿约一半处；小腿比大腿长，整个腿部粗细、长短匀称，膝盖部分应线条柔和，髌骨与腿部相比纤细柔和；女性胸围84～88厘米，腰围62～65厘米，臀围88～92厘米，肩宽37～40厘米。事实上，标准体型的评判是需要经过严格的数据测量和准确的目测共同权衡而完成的。从服装的结构与人体的着装关系来看，还可以把人体分为头、颈、肩、胸、腰、腹、臀、腿等几部分。一般来说，体型标准的人，其身体各部位比例恰当，视觉上让人感觉协调，其穿着的服饰也较为合体。

二、服装廓形与体型的塑造

服装具有包装人体、塑造人体大关系、强化整体形象完美的作用。服装的外轮廓与人体体型的组合千千万万。如服装能使人体形象具有不同形式和形态的空间感，具有分割空间的造型意义及构成作用；如服装的穿搭能让人体的比例产生视觉上的改变，如能让腿显得长、腰显得细；不同服装的色彩搭配还能使人体具有收缩感或扩张感；一些具有奇特外观的服装造型还能构成新的人体外观形态，丰富服装设计的内涵。

字母形和几何形是国际上通用的服装外轮廓构形标准。以下介绍几种代表性的字母型服装廓形及其对人体着装后的体型影响。

（一）A廓形

A形轮廓是一种上窄下宽的服装外形，A形也可以视为正梯形或三角形，具有夸张的动感和装饰感，有时也具有相对的稳定感(图5-7)。如喇叭形的裙子在具有飘逸感面料的作用下会呈现出飘逸和旋律感；帐篷形的A形外套，既具有夸张人体的扩张感，又具有大气、优雅的动感，如斗篷、披风等。A形轮廓的服装还能用在童装、连衣裙的设计中，营造出一种年轻活泼的视觉效果。

（二）S廓形

S形服装轮廓也称曲线形、旗袍线形等。它紧贴人体，能在与人体的组合中勾勒出人体的曲线，表现出人体自然形态的特征，凸现人体形象的体态美和性感美(图5-8)。S廓形的代表服装有中式旗袍和西式礼服等，其以紧身、贴体为主，对表现人体胸部、腰部和臀部的落差与美感具有特殊的意义及作用。在具体的设计中，还可以运用服装的色彩、材质、图案及与其他单品服饰的组合来增加整体着装的美感。

(三) Y 廓形

Y 廓形服装是一种上宽下窄的服装形象,可视为三角形与长方形的组合形,既具有不稳定感,又具有稳定感,即有动与静的双重表现特征。这种廓形具有夸张肩部的特点,下部的直线或趋于直线的造型具有在夸张中收缩视线的作用,并使视觉有向下运动的特点和在视觉的反弹中产生增高人体的审美感受(图 5-9)。运用这种廓形进行服装的设计与组合搭配,既可以采取整件套形式,也可采用组合形式。如西式的一些礼服,上装为夸张的肩部、灯笼袖、荷叶边,下摆收缩,下装为直线或趋于直线的造型,给人一种亭亭玉立和挺拔的视觉效果。

图 5-7　A 廓形服装

图 5-8　S 廓形服装

图 5-9　Y 廓形服装

(四) X 廓形

X 廓形服装轮廓可视为一种倒梯形和正梯形的对接组合。在女性服饰的廓形中,它是最理想的外形之一,因为 X 形服装轮廓具有夸张肩部、收束腰部、扩展下摆的造型特点,即利用腰臀的比例反差和夸张的下摆来表现动势感和飘逸感,能将形体进行再次塑造(图 5-10),用在女性的服装中则具有对上身及肩部的装饰和用收束腰部进行形体强化的特点。X 廓形服装轮廓的正面、侧面造型均完美无缺,能将女性的身形轮廓表现得淋漓尽致,如欧洲传统的宫廷礼服、现代的大蓬裙都是 X 廓形的经典款式。

(五) T 廓形

T 廓形服装轮廓具有近似 Y 形服装轮廓的表现特征。T 廓形与 Y 廓形的共同特点都是强调对肩部的横向塑造,即强调肩部与袖部的造型,具有引导视觉在肩袖部移动的审美特点,让上半身成为一个视觉中心(图 5-11)。T 形轮廓的服装有时强调肩部造型的夸张,有时则是肩部造型的自然表现。如灯笼袖、羊腿袖就是肩部造型的夸张,而 T 恤就是肩部造型的自然表现。现在的 T 廓形服装多指 T 恤,其胸围有一定的宽松度,不过于强调收束腰部和突出胸部,并使这两个部分能在一定的宽松度中表现出平衡的节奏。

（六）H 廓形

H 廓形服装轮廓可以看成是长方形,也可以称为直线形。这种近似长方形的服装外形是用直线形来塑造形体,能使着装的人体形象更显简洁、利落、端庄并具有成熟、稳重的美感。H 形服装轮廓能将人体原有的动感形态转化为具有体积感的直线形态和静态感,所以通常运用于职业套装和严谨保守的服装设计中(图 5-12)。有时为了突破这一呆板的形式,在实际设计中,可以运用不同的形体进行组合,如上半身和下半身由正方形和长方形组合的短盒线形,或由长方形与长方形构成的重叠方形等,此外还可以在宽窄、长短及下摆中进行变化。

图 5-10　X 廓形服装

图 5-11　T 廓形服装

图 5-12　H 廓形服装

（七）V 廓形

V 廓形服装轮廓也可称为倒梯形,它具有上宽下窄的特点。V 廓形服装轮廓具有极度的夸张感和不稳定的动势感。如夸张肩部,两侧缝成内斜线,上身宽松,下身收紧,其代表性服装为蝙蝠衫和郁金香形的礼服(图 5-13)。这类服装突破传统,强调了一种创新与突变的视觉效果,在服装的设计与组合搭配中可采用单件套的搭配方式,以凸显其另类的特点。

图 5-13　V 廓形服装

第五节　服饰搭配技巧

一、款式与风格搭配

(一) 单品搭配

在服装领域中,单品是指不同的服装类别,如夹克、外套、背心、裤子、衬衫、裙子、连衣裙等。服装中的单品搭配既要简洁、符合潮流,又要追求多变,让服装依据人的个性展现出不同的美感。如长毛衫、短T恤的长短叠加搭配可以掩盖有缺陷的腰部;合身的小西装搭配窄腿裤能让人显得高挑;马甲搭配休闲T恤或纯棉衬衫会给人精致中性的美;各色图案的T恤或卫衣搭配几何形状的项链和欧普风格的裤子,外加一个红色的小皮包,能立马打破整体的沉闷,让人眼前一亮。

(二) 点睛搭配

点睛搭配是指在某种服装风格上再添加一种服装或饰品,从而使得整体形象风格更为丰富。点睛搭配通常使用围巾、腰带、项链、帽子等饰品来实现。如服装整体缺乏个性、呆板,可以佩戴项链、胸针、帽子或提包等来增添活力。如果想改变服装的形态和整体风格也可运用点睛搭配法,即在普通的套装上搭配花纹围巾或民族风格的围巾,会带来别样的风格。在一些黑、白、灰色系的服装上搭配一条色彩强烈的腰带或围巾,也是经典的点睛搭配方法。

(三) 交叉搭配

交叉搭配有穿插、混搭等含义,在服装领域里是指把相异的设计、面料、色彩、风格等要素进行搭配,是一种令人意外、追求新颖的搭配方法。交叉搭配法脱离了大众思维,把完全不同或截然相反的服装款式或风格进行组合搭配。如此一来,就形成了新的穿着体验,营造出了新颖的搭配效果。交叉搭配有以下几种形式:

1. 不同款式的交叉搭配

不同款式的交叉搭配主要是通过轮廓的对照得以表现,包括上半身和下半身款式的对比、内衣和外衣的款式对比。如紧身裤搭配宽松的T恤、皮夹克搭配飘逸的长裙等,都会带来不凡的效果。在短裤与长背心进行搭配时,可以尝试利用其长度不等的特性进行交叉搭配。这种长与短、松与紧的组合方式,让服装的搭配有了更多的变化形式(图5-14)。

2. 不同面料的交叉搭配

不同面料的交叉搭配是指利用风格完全不同的面料(质感、肌理、外观等)所进行的服装搭配,它能创造出一种新颖的美感。如有光泽的裤子搭配针织衫、坚硬的牛仔裤搭配柔媚的花边罩衫,或坚硬的皮夹克搭配柔美、闪亮的雪纺裙等。由于现代社会冷暖设备技术得到了飞速发展,因此,人们对于在不同季节应该穿不同面料的服装的意识逐渐淡漠。不同面料的交叉搭配不再受季节变化的影响,而成为新颖时尚着装方式中的一种必然(图5-15)。

图5-14 不同款式的交叉搭配　　图5-15 不同面料的交叉搭配

(四) 个性化搭配

个性化搭配是指把出自著名设计师之手、具有独特商品性格特征的服饰进行自我搭配的方式，这种搭配方式已成为现代年轻人标榜个性的方式之一。如在女装中把男性服装的元素运用其中，强调硬朗、夸张的服装外形和深沉的色彩，诠释出一种中性之美。还有各种时尚元素与传统元素的结合，如金属铆钉、色织面料和刺绣、穿珠结合，使得服装的视觉语言更为丰富。受国际流行色彩和风格的影响，个性化搭配风格出现了两种极端，一种是摒弃夸张的颜色与样式，运用简单素雅的风格进行极简的搭配；另一种是打破以往沉闷的中性色传统，开始运用高明度、高纯度的鲜艳色，以及这些色彩的碰撞、穿插带来的跳跃的视觉效果(图5-16)。

图5-16 两种不同风格的个性化搭配

二、色彩搭配

在服装色彩搭配中,有单色搭配、多色搭配,其中又涉及不同色彩的色相、明度、纯度关系。总体来说,要掌握这些搭配规律,要以四季型人的色彩风格作为依据,如肤色的冷暖和明度变化,再根据一定的色彩搭配规律和技巧来选择适宜的色彩进行有效搭配。

(一) 单色搭配

单色搭配是指单件服装与单件服装之间的色彩搭配,类似于款式与风格中的单品搭配。单色服装由于色彩单一,所以也是一种最简便、最稳当的搭配方法。穿单色服装的人常给人一种文化素养高的感觉,如教师、医生、公务员等一般多穿着单色服装。单色服装的搭配也需要根据各人的体型、年龄、性别、经济状况而定。单色服装可以是无彩色系中的黑、白、灰,也可以是有彩色系中的红、橙、黄、绿、蓝、紫等。从搭配原则上来看,单色服装过于呆板(图5-17),如想获得变化,可以取一个色相,并将这一色相在明度、纯度上进行变化,再将变化后的色彩进行搭配。譬如,选择绿色作为主色调,首先选择草绿,然后搭配深绿、墨绿均可。但需要注意的是,低纯度的颜色使用面积要大,高纯度、高明度的颜色使用面积要小,这样才能达到平衡。每种单色的色彩表情与寓意可以参看第二章第二节的内容。

图 5-17 单色搭配

(二) 两色搭配

两色搭配是指两个颜色之间构成的服装色彩搭配,包括无彩色与无彩色的搭配、有彩色与无彩色的搭配、有彩色与有彩色的搭配,是对色彩色相、明度、纯度的综合考虑。在搭配方法中,可以通过色彩三属性中的具体一类属性来进行组合搭配,包括以色相为主的搭配、以明度为主的搭配、以纯度为主的搭配。

1. 色相为主的搭配

色相为主的搭配是建立在色彩的色相属性之上的搭配方式。色相为主的搭配可以以色相环上相关色彩的相邻关系及角度进行划分,共分为六种(六种色相搭配关系请参看第二章第三节色相对比图2-24)。

(1) 同一色相的搭配

色相环上相邻5度左右的两个色彩,其所呈现的搭配关系为同一色相搭配关系,这是一种趋于单色变化的关系,色彩之间的对比极其微弱(图5-18)。

(2) 邻近色相的搭配

邻近色相的搭配是色相环上相邻3~4色之间的搭配,大约30度左右,也称为同类色相搭配。其特点是对比差小,效果和谐,但易显呆板、无力(图5-19)。

(3) 类似色相的搭配

色相环上相邻30度至60度,甚至小于90度范围之内的两个色彩之间的搭配属于类似色相的搭配,其搭配效果和谐,比邻近色彩对比强烈(图5-20)。

(4) 中差色相的搭配

中差色相的搭配是色相环相距90度左右的两个色彩之间的搭配,是介于色彩对比强弱之间的中等差别的色彩搭配。其具有鲜艳、明快、热情、饱满的特点,是设计童装、运动服最适宜的色彩(图5-21)。

(5) 对比色相的搭配

色相环上两个色彩的位置关系达到90度至120度,甚至小于150度的搭配可以称为对比色相的搭配。这种搭配方式的各色色相感鲜明,相互之间不能代替。如果只有两个颜色,要取一色作为主要面积色(即大面积色)(图5-22)。

(6) 互补色相的搭配

色相环上两个色彩处于180度位置的搭配关系属于互补色相的搭配。互补色相的搭配是最为强烈的色彩搭配关系,通常需要进行面积的变化或调整一方色彩的纯度、明度来进行搭配才能取得和谐的效果(图5-23)。

图5-18 同一色相的搭配　　图5-19 邻近色相的搭配　　图5-20 类似色相的搭配

图5-21 中差色相的搭配　　图5-22 对比色相的搭配　　图5-23 互补色相的搭配

2. 明度为主的搭配

在两色搭配构成的服装色彩中,由于色彩形成的明度对比,使亮色看上去更亮,暗色看起来更暗,所以运用明度对比搭配是构成服装色彩的重要内容。按照蒙赛尔色立体关系,可以将明度不同的级差按三到四级一个调子分为高调、中调、低调,按照对比强弱的关系可以分为长调和短调,这样就形成了不同的明度配比关系,如高明度与高明度搭配、高明度与中明度搭配、高明度与低明度搭配、中明度与低明度搭配等类型。在具体的运用上,如服装与饰品的色彩、内外装服装色彩、上下装服装色彩都可以运用明度对比进行搭配,以形成朴素、优雅等各种色差感(图5-24)。值得注意的是,有时我们需要让明度对比差别明显,比如在雾霾天、夜晚,路上的环卫工人和行人需要穿着对比强烈的服装,以免发生交通事故;而在一些隐蔽的场合或正式场所,如军队作战时或重要的国际会议中,人们的着装往往需要与周围的环境融为一体,这时候就需要让服装的明度差和对比减弱。

图 5-24　明度为主的搭配

3. 纯度为主的搭配

纯度搭配是以色彩的纯度变化为主的鲜色调、含灰色调、灰色调的服装色彩搭配形式。在蒙赛尔色立体中,我们也可以将纯度分为十级,形成低纯度、中纯度、高纯度的纯度等差,与明度组合一样,这十个级别的纯度之间也可以形成纯度强对比、纯度中对比、纯度弱对比等搭配方式。如纯度强对比是由间隔八级以上的高纯度色彩与低纯度色彩进行的组合搭配,这种搭配方式鲜活有力、对比鲜明;纯度中对比是对比双方保持在三级以上、五级以内的对比搭配关系,其没有明显的弱点,是服饰色彩搭配中最常用的形式,其效果具有统一感,和谐中有变化(图5-25);纯度弱对比是间隔三级以内的低纯度色彩之间的组合对比形式,其具有模糊不清的灰色调感觉,常用于一些职业套装和群体性服装设计中。

图 5-25　纯度为主的搭配

(三) 多色搭配

多色搭配是指三色及三色以上的服装色彩搭配。在多色搭配中，首先要确定主色与搭配色之间的关系，也称"固"与"流"的关系。"固"是指大面积色的冷抽象状态，各色之间联系少，各自固守一方，显示出一种凝固的感觉。"流"是指以点、线、面的热抽象状态，显示出一种流动的感觉。"固"与"流"是一对相反的概念。当采用以"固"为主的手法时，则会产生静的意境，使服装色彩具有稳定的格调。当采用以"流"为主的手法时，则会产生动的意境，使服装具有节奏感，产生活泼、生动、富丽的效果。当采用"固"与"流"相结合的手法时，能将"流"的色彩组合适当地凝固起来，而让"固"的色彩组合适当地流动起来，起到统一中有变化、变化中有统一的视觉效果，丰富而奇特。多色搭配还有以下几种方法：

1. 分割与包围法

在服装多色彩的搭配中，如果出现过于冲突对比的两色难以协调时，可以在相互对比的两色之间插入第三色，以改变其色调的节奏；或者当两个大面积色块的明度、纯度极其相似时，可插入另一个色彩进行调节。这个第三色可以是色条、色线、色块的形式。如上装为红色、下装为绿色，此时为了协调整体服装色彩，可以系一条黑色、白色或金银色系的腰带作为上红下绿的分割色，还可以将对比色服装的边缘用第三色，如黑色、白色、金色进行包边、镶边等处理，形成统一、协调的视觉效果（图5-26）。

图5-26　分割与包围的色彩搭配

2. 渐变法

渐变法主要是通过对服装面料的印染、染色方式来实现。即在一件服装中，从上到下体现出红、橙、黄、绿、青、蓝、紫的色相变化，以这种规则渐变的过程引导视觉从一色转到另一色的渐进效果来取得整体服装色彩的和谐（图5-27）。同样还可以通过自己的搭配来取得渐变效果，如个人穿着橙色的服装，可以在脖子上佩戴红色的围巾，在腰部装饰黄色的腰带，下装穿着深红偏紫色的裙子等，这一方法可以使原本强对比的色彩

图5-27　渐变式的色彩搭配

统一起来,具有独特的韵律感。渐变法由于色彩较多,应注意色彩的面积大小,即确定一个主色调的面积。渐变法还可以细分为色相渐变、明度渐变、纯度渐变三大类。

3. 透叠法

透叠法是指利用透明的衣料进行重叠时产生新的色彩效果的方法。如内衣和外衣两色叠出的色彩相貌大体上相当于两色混合后的中间状态,但明度和纯度有所下降。距离是构成服装色彩透叠的一个重要因素,因此在进行服装色彩透叠的搭配时,必须分清楚底与面的关系,离眼睛距离近的为面,远的为底。如里料为天蓝色,外层面料为透明的粉红色,这时候视野中看到的色彩就是以粉红色为主的粉紫色(图5-28)。

图5-28 透叠面料的色彩搭配

(四) 服装色彩与体型修饰

通过对色彩属性和视觉心理效应的学习,我们知道色彩能够给人带来一定的视错觉感受。因此,在设计和选择服装、饰品的时候,可以通过服装的色彩来优化体型或弥补体型的缺陷,以塑造优美的整体形象。

1. 浅色调服装与体型修饰

一般来说,浅色调服装能给人以丰满、扩张感。特别是浅色调中的暖色、明度高的颜色,如红色、黄色等服装,穿着后能使人显得高大、丰满,所以这种色系的服装适宜身材瘦小的人穿着(图5-29)。对于体型过胖的人来说,就不宜选用浅色系服装。如一个体型过胖的人在夏天穿上白色、亮黄色的服装,冬天穿上浅色的外衣或罩衣,看上去会显得更为庞大。体型高大的人如想弱化自己的高个子,最好也避免穿着浅色调或大花纹等色彩鲜艳、明度高的服装。

2. 深色调服装与体型修饰

与浅色调相反,深色调的服装往往能给人以收缩感、弱化感,特别是深色调中的深蓝、墨绿、暗紫色等,能使人显得消瘦。所以身材瘦弱、矮小的人,应尽量避免穿着色调过于深暗的服装,应尽量选择浅色及暖色调或花色鲜艳的服装,以使自己看上去显得丰满些,如穿横条或方格花纹的服装,

图5-29 浅色调服装与体型修饰

也能扩充自己的体型。对于一些体型肥胖的人,不仅要穿着深色调服装,还应尽量选择深色调中的冷色系,如蓝色、深紫色,并搭配一定的服装图案,如竖条纹、纵向形的服装,可让自己显得苗条些(图5-30)。

3. 用服装色彩弥补局部体型的缺陷

对于局部体型有缺陷的人,也可以根据色彩的心理效应与搭配规律,科学地进行搭配,以取得较好的效果。如窄肩体型的人,可以在上身穿着浅色,并选取肩部有装饰的服装,同时下身穿着深色,以进行对比;上身较长的人,应该选用全身统一色调的服装,并在腰部上方加上腰带,以增加下半身的长度;臀部过大、胸部又不丰满的人,最好选择深冷色系的裙、

裤,再配上浅粉色、明亮色并在胸部有装饰的上衣,这样会起到扩大胸部而收缩臀部的作用;而臀部窄小、腿部肌肉不甚发达的人,则可穿着浅色的裙、裙裤或喇叭裤,以便扩大、突出臀部和腿部,掩盖这一缺陷(图5-31)。

图5-30 深色调服装与体型修饰　　图5-31 服装色彩弥补体型缺陷

第六节　形象设计中常用饰品与搭配

一、常用饰品与搭配

在现代时尚生活中,饰品已处于越来越重要的位置,尤其在女性的形象设计中,饰品更是得宠。好的饰品不仅可以遮掩身材局部的某些不足,还可以点亮服装、发型,起到画龙点睛的作用。譬如,在某一场合,每个人都穿着类似的礼服,可其中一位女性却显得特别突出,究其原因可能是因为她戴了一顶漂亮的帽子,戴了别致的项链、精巧的胸花、优雅的腰带,或是穿了一双与众不同的高跟鞋……有时,一个别致的发夹、一对精致的耳环或许都能为自己的形象增色不少,这就是细节的作用,也是饰品的魅力所在,因为饰品不仅可以完善整体形象,丰富和增加装扮者的色彩与气质,还能使生活充满变化多端的乐趣。饰品的类别繁多,以下是几类经典和常见的饰品及其搭配介绍。

（一）头饰

头饰有帽子、头巾、发卡、发插(发簪)、发花、耳环、耳钉等。

1. 帽子

意大利著名电影明星索菲亚·罗兰(Sophia Loren)曾说过:"一个戴帽子的女人是令人难以忘怀的,没有什么东西能像帽子那样,可以给人画龙点睛的装饰效果。"从中世纪至今,无论男女,帽子一直是人们着力推崇的装饰品之一。帽子的种类较多,主要有礼帽、运动帽、时装帽、嬉皮帽、休闲帽等。帽子的形状也有很多,如鸭舌帽、宽边帽、窄边帽、无檐帽、花边帽、卷边帽等(图5-32),在色彩上就更为丰富了。由于帽子处于人体头部的最上方,其面积较大,所以帽子的形状、大小应该与个人的身高、脸形相衬,色彩应尽量与上装协调或更浅淡些。帽子上还可以根据需要点缀一些物品,如精巧的别针、蝴蝶结、绸带、一束干花等,这些都可以给人带来不一样的视觉美感。

图 5-32　经典帽子式样

2. 头巾

在寒风凛冽、大雪飘飘的严冬,一条包头巾能为我们抵御风寒。然而,随着人们生活水平的提高、审美观念的改变,头巾已不仅仅是御寒之物,它能突破春夏秋冬的季节限制,更多地成为一种与服饰搭配的装饰品,如一条新颖脱俗的头巾会为女性平添几分妩媚和风彩。面对色彩斑斓、质料各异的头巾,应该如何选择呢?从审美上来看,主要是根据服装的花色和风格来定。欲求文静雅致,则头巾与服装应取同一或邻近色系,如服装色彩为鹅黄色,则头巾可用浅咖啡色;若要表现热情奔放,则宜采用对比色,如藏青色套裙配红色头巾。头巾的佩戴方式也很讲究,可以进行不同的折叠、扎系,凸显时尚大气(图 5-33)。头巾还应与肤色相映,可以根据个人的季节色彩进行选择。

图 5-33　不同头巾的系戴

3. 发卡、发插(发簪)、发花

发卡、发插(发簪)、发花是辅佐做发型或装饰发型时所用的饰品,其风格与形状多种多样,有的艳丽、晶莹,有的简洁、庄重,有的传统、复古。这些小的发饰虽然面积小,但它们可以很精致、亮眼,在细微之处诠释出一个人的审美与气质(图 5-34)。发饰应根据自己的发型、年龄、职业、场合进行选配。一个恰到好处的发饰不仅能为发型增辉,还能显著提升个人的精神气质。

图 5-34　发卡、发簪、发花

4. 耳饰

耳饰是耳朵上的装饰品,主要有耳环、耳钉、耳坠等,其种类较多。如贴耳式耳钉一般贴在耳垂上,轻便、小巧、可爱,各种形状都有,也可由金、银、玉石等不同材料制成(图5-35)。耳坠一般是吊坠式,其形状较长,设计别致,多以金、银或其他金属制成,常为中年优雅、成熟人士所青睐,一般出现于正式场合中。

耳环一般为环状式样,是传统的经典款式,一般为中年成熟女性所喜爱,凸显其庄重、娴静。现代的耳环有了新的设计变化,如多环相扣、材质新颖,年青时尚女性佩戴则显得活泼新潮(图5-35)。总的来说,耳环的佩戴也是有一定讲究的,如耳环选择应根据脸形来定,瘦长脸形可戴环状耳环,给人以拉宽脸部的感觉;脸宽的人宜选用贴耳式或长形小耳环。

图 5-35　耳钉、耳环

(二) 颈饰

颈饰主要是指装饰脖颈的饰品,有项链、项圈、颈坠、串珠等。其中项链是最经典的颈部饰品,多以金、银等金属为材质,常见组织结构有方丝链、马鞭链、花式链、绳套链、双(三)

套链等(图5-36)。坠子是挂于项链下部的饰物,可以是大块精美的宝石或仿金、仿银制品,有美化修饰及拉长颈部的效果;串珠是用珍珠、瓷器、漆器、水晶、玉以及五光十色的彩色玻璃、彩塑、贝壳等小物件串联而成的环状饰品,具有精细、唯美的效果。项链的选择和佩戴应注意与脸形及颈部的特征相适应。如椭圆形脸的人选择任何形状的项链都适合;圆形脸的人最好选择长项链或T形式样的项链,有助于拉长脸形,同时也要尽量避免大的宝石或珍珠等;方形脸的人需要通过项链来加长和柔化脸部线条,所以一般可用简单的、有圆润感的珍珠项链;倒三角形脸的人可以选择比较惹眼的宝石项链,或者选择线条柔和的项链来弱化脸部棱角。

图 5-36　项链、项圈

图 5-37　领结、领带

此外,围巾、领带、领结等也可以用于装饰颈部(图5-37)。其选择方法与项链一样,在形状上要注意与头型及颈部协调,在色彩上又要与肤色、发色、化妆色、服色等相适应。如围巾在整体形象的塑造中至关重要,既可以缓和服装色彩不协调的矛盾,亦能产生活跃整体色彩的作用,更易补充、加强色彩面积以突出主色调。如深色上衣配红色的裙、帽,色彩略感闷气,若选用一条橘色的围巾,整体感觉就显得轻松活泼多了。同样,若服装整体色彩为花色,围巾则应选择单色、素色;若服装整体色彩素雅,围巾则可以选择花

图 5-38　花色围巾配素色服装、素色围巾配花色服装

色(图 5-38)。

(三) 手饰

手饰主要指手套、手表、手镯、手链、戒指、袖扣、臂镯等。

1. 手套

手套作为一种装饰品起源于西方,最早曾是君王权威和圣职的象征。在传统西方皇宫贵族的舞会上,身穿礼服的绅士和贵妇都要戴着白色丝绸手套,以显示身份和地位。当时手套的品种、款式和颜色基本上都是依据服装的需要而设计的,如用白纱、丝绸制作的礼服手套、冬季保暖的棉绒手套、与皮衣皮靴相配的皮手套等。逐渐地,女性穿礼服戴手套就被作为一种传统搭配形式流传了下来。当穿着华贵富丽的晚礼服时,佩戴黑色或白色的丝绒手套,往往能尽显女性的优雅气质,并与五光十色的环境气氛相协调。现代的手套多在寒冷的冬季作为护手的用具,当然这些手套的设计也越来越丰富,如有防雪布、皮质、毛线编织等材料,色彩也五彩缤纷,能与不同的服装进行搭配(图 5-39)。

图 5-39　礼服手套与保暖(时尚)手套

2. 手镯、手链、戒指

手镯、手链、戒指也是经典的手饰,它们可以由传统的金、银、玉石等材料制成,也可以

由现代流行的新型材料制成(图 5-40)。手镯的佩戴要根据手腕情况、年龄及服装而定。传统的金手镯、金手链,如龙凤镯、天元镯、纹丝镯等一般适合中老年人或气质成熟优雅的人;手腕短粗者宜选用稍窄细的式样,手腕细长者可选择宽大些的式样。戒指原本是爱情信物和婚配的标志。戒指戴在不同的手指上其表达的意义不尽相同,如戴在食指上表示求婚或想结婚,戴在中指上表示热恋,戴在无名指上表示已订婚或结婚,戴在小指上表示独身或终身不娶不嫁。戒指戴出的美感与手指的形状有关,如手指短小,应选用镶有单粒宝石或橄榄形、梨形和椭圆形的戒指,指环不宜过宽;手指纤细,宜配宽阔的戒指,如长方形的,并配大宝石装饰;手指丰满且指甲较长,可选用圆形、梨形及心形的宝石戒指,也可选用大胆创新的几何图形装饰戒指。

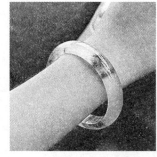

图 5-40 戒指、手镯、手链

(四) 胸饰

胸饰包括胸花、胸针等。胸花是用金属、塑料、绢绸或羽毛等制作而成的饰品,常佩戴于左胸前,起到装饰服装、增加整体形象亮点的作用。特别是一些镶嵌了水晶、宝石等的胸花,高档精美,对一些简洁素雅的服饰尤为适用。胸针是胸花的另一种形式,其大部分由金属制作,大小不同,形态各异,有动物、植物、几何图案等形式,胸针后面有一个别针式的插针,可以固定在服装前胸处,如挂在西装驳领、毛衫、衬衫的胸前等。胸花、胸针的搭配有一定讲究,首先是其颜色要与服装的颜色有明显对比,这样才能突出胸花、胸针的装饰效果。如夜晚穿着的晚礼服可搭配闪闪发光的钻石胸针、胸花,而白天穿着的职业装、休闲服则可以搭配金属式、有机塑料等胸针、胸花(图 5-41)。不同的服装款式、发型、妆容也应选择不

图 5-41 胸花、胸针

同风格的胸花、胸针作为搭配。

(五) 包袋

包袋是每个人特别是女性在工作和生活中都不可缺少的实用装饰物。首先,包袋的功能是储物、携带物品;其次,在现代时尚生活中,包袋更富有装饰和点缀整体形象的价值。包袋的种类和式样不胜枚举,如单肩挎包的容量大,实用、便捷,各阶层女性皆可选用;平提式皮包豪华、时尚、干练,能够充分体现出个人的职业、身份、社会地位及审美情趣;双肩背包自然、随意,适合人们在运动、休闲时使用;小手包小巧精致,适合短途和就近购物时使用(图5-42)。包袋的款式风格要与个人形象、服装整体风格协调。包袋的颜色一般应避免过于突出,最好与围巾、鞋等色彩相近,或选用含灰色及无彩色,以便与各种服装取得和谐搭配。如穿着晚礼服参加社交活动时,可使用金、银色的亮丽小包,以便与高贵、华丽的环境相协调。

图 5-42　各式包袋及搭配

(六) 腰饰

腰饰主要指腰带。腰带是系结于人体腰部的各类条带的统称,其主要起到固定作用,如皮带就是为了防止男西裤滑落的有效固定工具。随着时代的发展,腰带的功能也突破了传统固定工具的模式,而有了装饰、美化、凸显身材、弥补缺陷的作用,因为腰带位于人体中部,是视觉焦点之一。腰带在色彩上就有两方面的作用:一是承上启下,衔接上下装的色彩。如上身穿着白色、下身穿着黑色,中间系一条灰色或彩色的腰带就能产生色彩的和谐过渡。二是当上下装的色彩对比过于强烈或微弱时,腰带能发挥缓冲、隔离的功能。如女性在穿着奢华的长裙和礼服后,在腰部处加一条深色腰带,它能使得腰部线条收缩,起到束腰作用,而将这一腰带提高后,腰节线就被提高了,此时上下身的比例会显得更好。目前,腰带的款式、色彩和材质品类更加繁多,如金属、皮革、塑料、橡胶、草绳织带等,都能与不同的服装与造型互相搭配,塑造完美的视觉形象(图5-43)。

(七) 脚饰

脚饰主要是指鞋袜、脚镯、脚链等装饰于足部的饰品,但实际上鞋袜又是与服装同等重

图 5-43　腰带的束身和点睛作用

要的生活必需品。

1. 鞋

鞋的种类繁多,如皮鞋、时装鞋、旅游鞋、运动鞋等。因为足部负载着全身的重量,所以选择鞋子首先要以舒适为宜,其次才是式样、颜色、价格等。从款式风格上看,鞋子应与服装的风格协调,如晚礼服配高跟鞋,运动服配运动鞋,休闲装配休闲、旅游鞋等(图 5-44)。在色彩上,鞋子应尽量与下装色彩相协调。如果鞋色选用纯度高的色彩,则应与服装其他部位的色彩有所呼应,例如穿着宝蓝色的皮鞋,可搭配宝蓝色的腰带或围巾。鞋子的面料也应与服装的面料或风格一致,如西裤配皮鞋、棉裤配布鞋等。

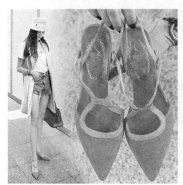  

图 5-44　各式鞋子及其穿搭

2. 袜子

袜子的种类很多,如丝袜、长筒袜、船袜、裤袜等。袜子相对来说较隐蔽,但若是有裸露出来的部分,其色彩应与裙、裤、鞋相协调或呼应,即最好以接近肤色为宜,一般不要太花、太艳。如上班族的女性选择肉色或粉藕色半透明丝袜,配上端庄、素雅的职业套装会显得十分协调;出席重要的社交场合或晚宴时,穿着黑色、枣红色、咖啡色、肉色的织花紧身长丝袜搭配上高贵典雅的黑色晚礼服,能尽显女性的性感与魅力;而穿着运动、休闲装,则可选择露出袜子色彩的长筒袜、各色棉袜,以与多彩的运动服交相呼应(图 5-45)。

图 5-45　各式袜子及其穿搭

3. 脚镯、脚链

脚镯、脚链过去常见于少数民族，如一些热带地区的人们，其赤脚不穿鞋袜，就会戴上脚镯、脚链，代表本民族的传统或某种祈福、吉祥的寓意。另一方面，有时候小孩满月时，家人会给他戴上脚镯、脚链，以求其健康成长。在现代，许多年轻人也会戴上多样化的脚镯、脚链，如木珠脚链、红绳玉佩脚链等，这是一种追求时尚的表现（图 5-46）。

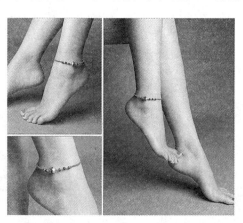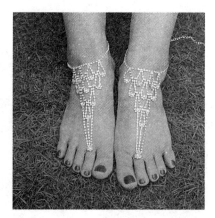

图 5-46　各式脚链及其穿搭

二、饰品与人的关系

虽然饰品琳琅满目、丰富多彩，但是它毕竟只是小型物品，只能起到装点和辅助的作用，不能喧宾夺主。如果饰品与服装、整体组合得当，就能起到锦上添花、画龙点睛的作用，但如果饰品装点不妥，则会破坏服装及整体关系的协调。掌握好饰品与人之间的关系尤为重要。

体型与饰品的搭配应该协调。如一位高大、偏胖的女士肩背一个小巧精致的挎包，会让人觉得很不搭；而一位较矮偏瘦的女子，头戴一顶宽檐的太阳帽，则会给人一种压抑的感觉。同样，一位腰部粗圆的女士系上一条又细又窄的腰带，其产生的效果可想而知。一般来说，东方女性的胸部没有西方女性丰盈，所以造型夸张的层叠式项链能丰富东方女性胸部的体积感，很好地修饰其胸部曲线。所以说，一个人的身形条件能决定她所适合饰物的大小、风格、造型。

不同的职业也会影响到对饰品的选择。如艺术家、设计师等时尚创意工作者,所佩戴的饰品应富于个性、新奇、风格独特;办公室职员或教师,选择的饰品就应该大方、雅致、低调;学生或其他年轻工作者,饰品可以相对活泼、轻便、时尚;而一名退休老人,饰品应尽量选择休闲、舒适的。

第六章　人物形象设计的原则与风格

第一节　人物形象设计的基本原则

一、TPO原则

人们往往通过对个体外在形象的判断,来决定对其采取接纳、欣赏、认同或者排斥、反感、厌恶的不同态度。所以,当人们在一个特定时间里,由于一个特定的事由或需要,出现在一个特定的地点或场合时,就应该找到最适合自己的形象装扮,这就是人物形象设计的TPO原则。TPO原则原本是用于服装设计和饰物选择的一个通用原则。目前,TPO原则已扩充到整体形象设计领域,成为该领域里的一个黄金法则。即TPO原则不仅仍继续适用于服装、饰物的选择,还被广泛用于发式设计、化妆设计及其整体形象设计中的一切行为,甚至包括社交礼仪、气质风度等方面。TPO三个字母分别代表 Time(时间、时节)、Place(场合、环境)、Object(对象、目标)。它的含义是要求人们在进行形象设计与塑造时,应力求使自己的妆容、服装、发式等与出现的时间、地点、目的协调一致。

(一) Time(时间、时节)与形象设计

"Time"代表时光、时期、季节、时代等时间概念。不同的时代与时节,人们对于化妆、发式、服装等形象设计的审美要求是不尽相同的。现代的人们讲求时尚,尤其是在发式、化妆、服装款式、色彩等方面更具有追逐潮流的特点。如在发型上,有春夏季发型、秋冬季发型,妆容也有日妆与晚妆的差异。每个时代都有当时流行的服装款式,过了这个时期,再穿着之前流行的款式就会被视为是过时的装扮。色彩也一样,色彩除了受到个体接受和喜爱因素影响外,还取决于时间性与季节性。不同的季节、气候,不同的时间都应选择不同的色彩。如冬季本身色彩单调,服装的色彩趋于深暗,这时候化妆的基调应表现皮肤白皙的柔美质感及口红红润的色彩感等。所以在寒冷的冬天,人们更偏爱暖色调的服装和化妆色彩,可以给人温暖的视觉感受(图6-1)。而在炎热的夏天,为了追求凉爽,人们更倾向于选择冷色系的服装与化妆色彩。自然界的光线无时无刻不在发生变化,所以我们的发式、服饰、化妆等形象设计单元同样应随时间、季节、时令、时代等因素而变化。

图6-1　冬季的形象设计

（二）Place（场合、环境）与形象设计

"Place"代表地点、位置、场合等空间概念。人在生活中经常会处于不同的环境与场合，如置身在室内或室外，驻足于闹市或乡村，停留在国内或国外，身处于工作场所或家中。在这些不同的地点与场合，人物形象设计就应与当时的场合相适应。如穿着泳装出现在海滨、浴场是人们司空见惯的，但若穿着它去上班、逛街，则一定会令众人哗然；大部分欧美国家的女孩在炎热的夏天可以随性穿着小背心、超短裙，但若以这身装扮出现在保守的阿拉伯国家，就显得有些不合礼仪了。所以形象设计中要考虑到不同场所中人们着装的适宜度以及一定场合中礼仪与习俗的要求。不同的自然环境与人工环境、不同的光源（自然光和人工光，或两者相杂）、不同的人际环境都应有不同的形象设计对策（图6-2）。整体形象设计与周围的环境匹配了，才能和谐。所以形象设计中首先要考虑到所处环境的风格、色调。例如参加晚宴这样一种高雅的社交场合，就要适当表现美艳、高贵、优雅的风格品位，妆面可选

图6-2 郊游的形象设计

略带冷色的化妆色彩，高雅的盘发配以冷色系的性感晚礼服和配饰，可以烘托出冷艳、高贵、神秘的气质。除了化妆、发式、服饰上的讲究，还有言谈举止、气质风度等全方位的考量。

（三）Object（对象、目标）与形象设计

"Object"代表形象设计的对象及为其进行设计的目的。人们在进行整体形象设计时往往体现着一定的意愿，即形象设计要适应自己所扮演的社会角色，又要帮助自己成为某个理想中的人物。如一个人身着庄重的职业装前去应聘新职、洽谈生意，说明他对自己的身份有深刻的认识，这种态度与敬业精神是有助于其成功的。人是整体形象设计的中心，形象设计的目的就是美化、完善个体。在进行形象设计前，我们要对人的各种因素进行分析、归类，如对象的年龄、性格、修养、喜好、风格等。若人到中年却配上稚气很重的服装，而花季少女穿上过于老成的衣服，都会给人一种不伦不类的感觉。根据不同职业、不同的个人需求与目标，形象设计的打造手段和方法也不同，这些都要具体问题具体分析。一位具有娃娃脸的可爱女性结婚，其婚纱造型就可以放弃传统高贵、冷艳的气质，向着甜美的方向塑造，如卷发、蝴蝶结、刘海

图6-3 新娘或婚礼的形象设计

发式，粉红、蜜色的妆容色彩搭配蓬蓬裙的婚纱，能让她本人的特质与即将塑造的这一形象完美融合（图6-3）。

二、其他指导原则

人物形象设计所具有的实用功能与审美功能要求设计者首先要明确设计的目的,要根据对象、环境、场合、时间等基本条件去进行创造性的设想,寻求人、环境、服饰、妆容、发型的高度融合。除上述 TPO 原则外,形象设计的打造还应考虑以下指导原则。

(一) 实用性原则

人物形象设计的目的是为了塑造更好的人,使人的生活与工作变得更美好,所以在造型上,应遵循实用的科学原理,不能违背现实生活中的规律。一般来说,任何设计创造的新设想,都应具有实用性和合理性。例如,虽然为一位女士设计的运动装形象从外观上看,能充分刻画出该女士的身材曲线,但这身装束却因材料与结构的不合理,造成穿着使用者不便举手抬腿,限制了人体的活动范围,那么这种有约束力的美丽造型设计由于其实用性差,仍是不会受到欢迎的。某些设计形式还应该能为广大民众所接受和喜爱,被人们广泛认同的设计就是成功的设计,就能产生无穷的价值,甚至成为当时的经典。只有成为经受住市场考验的设计作品,被大众所流传,才能显示出其中的意义与价值(图 6-4)。

图 6-4 舒适实用的形象设计

(二) 独特性原则

人物形象设计不是对设计对象的翻版和臆造,也不仅仅是对时尚人物形象一味地追随和模仿,而应是对不同人物形象的创新与个性化塑造。这种创新与个性化的形象塑造是指具有适合个人的表现形式和造型特征的外观形象,能表现出设计对象所具有的独特气质、风度和韵味的造型设计,能显示出设计对象自然美和艺术美的完美统一。如当代一些著名的设计师将中国风融入自己的形象设计作品中,用旗袍、唐装融合了西式的妆容、发型,让传统东方元素与西方技巧相结合,又加入了诸多的现代元素,让人称赞。所以,设计师首先应对时尚流行具有独特的感受和领悟,对设计对象应充分了解,然后发挥出自己独有的艺术构思与丰富的想象力,巧妙地运用流行趋势和时尚元素,在结合设计对象特点的基础上进行个性特色的表现与审美意境的创造(图 6-5)。只有这样,人物形象的个性特色才能得以彰显,人物形象设计的价值才能体现。

图 6-5 羽毛染色的创新形象设计

(三)时代性原则

审美标准和审美理想是人们审美观的核心。人具有社会性,各个时代的文化、政治、经济、道德观念、生活形态等因素又会对人们审美观的形成和发展产生重要的影响。时代不同,人们的审美观念也会不同,不同时代的审美观念将会直接作用于形象设计的创作和表现中。人物形象设计是一种时代的艺术,在当今的时代条件下,形象设计作品应给人当下审美的视觉感受。因为这种创意与设计的成败、优劣还不能完全由设计师来判定,更应由社会、由社会生活中的人来判别。人物形象设计与创意如果不能适应时代、社会发展的趋势、潮流中的审美标准和审美理想,不能体现时代的特征和满足人们追求新异的时尚感,就必然会失去其价值与意义。因此,在进行人物形象设计创作时,一定要注重对时代文化艺术特征的观察、分析与提炼,对社会经济发展及时尚形态的考察研究,并善于运用流行时尚元素进行人物形象设计的创意表现(图6-6)。

图6-6 现代流行时尚风格形象设计

第二节 人物形象设计的风格塑造

一、风格与形象

风格一词常见于艺术作品领域,是作家、艺术家在创作中所表现出来的一种艺术特色和创作个性。风格是无形的,又是有形的。说它是无形的,是由于它不可以用明确的词语来下定义,没有一定的模式;说它是有形的,是因为风格需要以有形的物态或作品来表现。风格是人物形象设计所要表现的重要部分,是形式与精神共同的体现,是形象设计的灵魂。形象设计中的风格是一个个体所体现出的气质与精神,也是设计师的思想倾向、性格特点、审美情趣和艺术修养的综合体现。一个好的形象设计作品在很大程度上应能反映个体的风格,尤其是自我形象的设计,要能较全面地反映自己特有的风格,从而让自己达到一定的审美理想。个体风格是个人内在素质和外部表现的结合。由于每个人的生活环境与经历、立场观点、文化艺术修养、个性气质都不同,其所具有的风格特征也就各异。要达到良好的艺术修养,塑造独特的个人风格,就要学会在处理题材、表达主题、描绘形象、表现手法和视觉语言等方面进行多方位的训练。

二、形象设计八大个人风格介绍

个人风格是指每个人与生俱来所拥有的一种气质、神态、精神,表现在人与人相貌、身材、性格等方面的差异上。形成个人风格的因素有很多,大致可以分为主观因素(内因)和客观因素(外因)两个方面。主观因素包括个人的世界观、气质性格、个人经历、禀赋灵气、学识修养等,这些因素影响着个人风格的形成。如世界观决定了价值观、道德判断等方面,学识修养会影响人的审美趣味,而气质禀赋则可能通过个人形象来体现,个人经历也会在外在形象上留下印记。客观因素主要包括所处的时代、社会环境、民族、阶级、社会经济发展等方面,这些因素对个人风格的形成具有外在的制约作用。可可·夏奈尔(Coco Chanel)有一句名言:"潮流易逝,风格永存。"(图6-7)即是说,每个人都有自己独特的风格,这种风格并没有所谓的好与坏,只要能认准自己的风格,加上独到的眼光与品位,在利用化妆、发式、服饰等外在美化装饰的基础上,人人都可以塑造出自己的经典风格。个人风格也是形象设计师为其进行形象设计与创意的依据。根据国际上形象设计界对于个人风格的判定,我们以女性为例,将女性个人风格分为戏剧型、自然型、古典型、优雅型、浪漫型、前卫型、前卫少女型、前卫少年型八大类,每一类个人风格的特点和搭配原则如下。

图6-7　夏奈尔经典黑白风格

(一) 戏剧型

戏剧型的人体形相对高大,骨架大,五官给人以大气、夸张、醒目感。戏剧型的人有很强的存在感(图6-8)。

1. 主要特征:夸张、时髦、成熟、大气、欧化、骨感、存在感强。
2. 体形特征:大骨架、个子高、五官大气,具有一定的权威感,是具有强烈风格特色的群体。
3. 性格特征:成熟、练达、大气、风风火火。
4. 搭配原则:突出个性,拒绝平庸。
5. 代表人物:韦唯、毛阿敏、梅艳芳、索菲亚·罗兰。
6. 整体形象设计定位(图6-9):

a. 服装:宜选择宽大的外套等时髦而富有个性的款式。如大开领、宽松袖、扩腿裤、宽大的花边与皱褶、夸张的中性化服饰等都能让戏剧型女士更加出众。

b. 面料图案:面料上可以选择各种呢料、丝绸、皮革和闪光面料,软硬适中即可。图案可选择与服饰款式协调统一的几何类图案、夸张的花纹和抽象类图案。

c. 色彩:由于具有强烈的存在感,无论属于哪一种色彩季型,都适合选择自己色彩季型里最具有视觉冲击力的色彩。

d. 饰品:宜选择具有现代时髦气息、偏大而夸张、能吸引人目光的饰品。如大宝石、大珠子、大戒指、粗犷风格的项链等。

e. 鞋包:款式和颜色都需要有醒目、夸张的特点,可以尽量与众不同。

f. 发式:适合庞大、有体量感的大波浪或当下流行的发式。

g. 妆容:妆容要突出眼影、强调嘴唇的轮廓,要突破平凡、平庸的妆容。

图 6-8　戏剧型风格　　　　图 6-9　戏剧型适合的形象装扮

（二）自然型

自然型的人亲切友善、潇洒自然、干净简单、精力充沛，常常给人简洁、活力、健康的印象（图 6-10）。

1. 主要特征：自然、随意、亲切、朴素，无太多的华丽、妩媚、性感之风。
2. 体形特征：直线感强、有运动感、身形结实，有运动员的气质。
3. 性格特征：随意、大方、洒脱、知性。
4. 搭配原则：崇尚自然，避开那些华丽而夸张的繁琐造型。
5. 代表人物：徐静蕾、梁咏琪、孙燕姿。
6. 整体形象设计定位（图 6-11）：

a. 服装：应选择直线形、简约、质朴、具有田园风的款式。如朴素大方的无领外套、格子裙、A字裙、T恤衫、牛仔裤等都是自然型女士最佳的服饰装扮，还可以加入一些时尚元素，突出当今的潮流，体现潇洒、随意而亲切的风格。

b. 面料图案：棉、麻、各种呢类面料都是自然型人士首选的服装面料，能够为自然型人士形象增色的最佳图案是朴实的花纹、素色、彩色格子等几何形图案。

c. 色彩：服装的色彩倾向于柔和、自然、淡雅、不刺激的色彩。

d. 饰品：可选择浓重而质朴的木制、铜制、铁制类金属饰品，及自然风格的石器饰品。

e. 鞋包：适合平跟鞋、形状简约而随意的包袋，还可佩戴大而圆的宽檐帽。

f. 发式：适合直线形的短发、波浪起伏不大的中短发。

g. 妆容：适合极其自然的淡雅妆容、生活妆。

图 6-10 自然型风格

图 6-11 自然型适合的形象装扮

（三）古典型

古典型的人具有古典美，其五官端正、目光柔和、面容高贵、气质高雅，有着匀称的身型（图 6-12）。

1. 主要特征：端庄、娴熟、稳重，五官精致、气质优雅，有一种成熟、高雅、知性的韵味。
2. 体形特征：身材适中、匀称，以直线为主。
3. 性格特征：成熟、正统、知性、一丝不苟。
4. 搭配原则：强调精致和质感是其造型的重点。
5. 代表人物：宋庆龄、张爱玲、奥黛丽·赫本。
6. 整体形象设计定位（图 6-13）：

  a. 服装：宜选择直线形的裁剪，体现修身合体、精致而高贵的款式风格。如缝制精美的旗袍、直线形的 V 领、小立领、方领的套装、悬垂感很好的长裤等。有时加入一点时尚元素，系上一条高品质丝巾，更能显现出古典型人正统、知性的风格。

  b. 面料图案：适合选用高级毛料、真丝、开丝米等面料以及小几何形、均匀排列的精致脱俗的花纹图案。

  c. 色彩：适合较为传统而保守的色彩，但可以在其中搭配一些小面积的流行色。

  d. 饰品：可选择有点传统、复古，大小适中且精致的饰品，如金银项链、玉手镯等饰品。

  e. 鞋包：宜选质量上乘的半高跟鞋，材质硬朗、规矩方正、大小适中的皮包。

  f. 发式：适宜修剪整齐、一丝不苟的复古发型。

  g. 妆容：正常的日常妆容即可，但要注重细节的强化。

图 6-12　古典型风格　　　图 6-13　古典型适合的形象装扮

(四) 优雅型

优雅型的人五官精致、脸部圆润、身型娇小、小家碧玉，常给人一种优雅、柔美、细腻、精致的感觉(图 6-14)。

1. 主要特征：优雅的面容、温柔的眼睛、精致、小家碧玉、女人味、小鸟依人。
2. 体型特征：体型弧度柔美、曲线感强，给人一种轻柔、飘逸的感觉。
3. 性格特征：温柔、恬静、善良、贤惠。
4. 搭配原则：打造出温柔、优雅的女性美，避免极端的、个性化的装扮。
5. 代表人物：邓丽君、赵雅芝、周慧敏。
6. 整体形象设计定位(图 6-15)：

a. 服装：应选择偏曲线的、柔美的、雅致的款式。如有花边装饰的衬衫、柔软的褶皱裙或鱼尾裙都能显示出优雅型女士的温柔感。要注意回避生硬而粗糙的质地与款式。

b. 面料图案：面料可选择棉麻、纱、雪纺等温柔软性的材质，图案宜选用曲线型的花朵、火腿纹、圆点类的装饰图案。

c. 色彩：最适合能够充分展现女性魅力的颜色，如粉色、紫色、浅绿色等。

d. 饰品：倾向于女性化的曲线而柔美的设计，如精致而上乘的金银、珍珠、水晶类饰品。

e. 鞋包：适合造型秀美、女人味十足、曲线感强、皮质柔软的鞋与包。

f. 发式：适合有柔和感的微卷发、盘发、中长发等。

g. 妆容：不宜过浓，可以在日常生活妆容的基础上加强对眼部、眉毛、唇部等细节的重视与加强，以突出其优雅型气质。

图 6-14 优雅型风格　　　　图 6-15 优雅型适合的形象装扮

(五) 浪漫型

浪漫型的人天生就有着浪漫主义的气息,她们身上充满了女人味,性感的双眼、花瓣唇、身材曲线感很强(图 6-16)。

1. 主要特征:有极强的女人味、妩媚、迷人、华丽、浪漫。

2. 体型特征:弯弯的眉毛、迷人的双唇,眼神妩媚,轮廓及五官的曲线感强,身材丰满,有富贵气质,深受男人欢迎。

3. 性格特征:细腻、情感丰富、活泼、大气。

4. 搭配原则:摆脱平淡和理性,强调华丽和浪漫的感觉。

5. 代表人物:陈好、舒淇、温碧霞、玛丽莲·梦露。

6. 整体形象设计定位(图 6-17):

a. 服装:适宜曲线感的、成熟的、华丽而高贵的服装。如穿着有弧线的领和袖、蓬松而线条流畅的长裙,柔软、悬垂感好的宽松型裤子,都能打造出浪漫型人的独特气质。

b. 面料和图案:适合柔软的金银线织物、丝绸、羊绒类面料,曲线形的花朵、圆形几何纹样、水波纹图案等。

c. 色彩:应在自己的季型中选择红色、橙色、粉色、紫色等唯美浪漫的色彩,华丽的金色、银色也是浪漫型人的最佳色彩。过于浅淡或过于深重的颜色都不太适合。

d. 饰品:应选用华丽、夸张而有品位的饰品,如造型奇特、圆润的宝石和珍珠类。

e. 鞋包:可选择流线型、装饰性强的高跟鞋以及各种曲线形、柔美的绣花包、软皮包等。

f. 发式:适宜长发,如飘逸的直发,或者烫卷后做成波浪状的卷发。

g. 妆容:以精致的妆容为主,可重点塑造迷人的双眼、卷翘的睫毛和性感的双唇。

图 6-16　浪漫型风格　　　图 6-17　浪漫型适合的形象装扮

（六）前卫型

前卫型的人有着一张个性的、时尚的脸。整体具有一般人没有的高冷气质,有点不可接近的距离感(图 6-18)。

1. 主要特征:个性、年轻、时尚、冷峻。
2. 体型特征:骨感美、五官紧凑、个性化,眼睛有灵动之气、鼻梁高挺、轮廓分明,精神别致,也有一些孩子气或精灵般的神秘气息。
3. 性格特征:率直的、活泼好动的、革新的、叛逆的。
4. 总结:强调时尚、最新的风格与造型,避免中庸、不流行的服饰与装扮。
5. 代表人物:王菲、Lady Gaga、麦当娜。
6. 整体形象设计定位(图 6-19):

a. 服装:服装可以尝试混搭,如短上衣、迷你裙、七分裤、紧身裤等一起搭配都能诠释出前卫型人的个性。如穿着职业装,应突出洒脱利落感,款式要新颖、别致,其目的就是要拒绝平庸、反传统、与众不同。

b. 面料图案:可以选用灯芯绒、棉、羊毛、皮革、闪光面料等进行混搭,适合个性化的条纹、格子、几何图案、抽象类图案等。

c. 色彩:适合选用与众不同的色彩来进行搭配,以突显标新立异的风格。

d. 饰品:宜选用醒目的胸针,造型奇异的项链、手镯,不规则形状的饰品等。

e. 鞋包:选用款式夸张、颜色跳跃的鞋包,如松糕鞋、马丁靴及有造型感的高跟鞋、多装饰物的皮包等。

f. 发式:适合麦穗头、超短发等,当下国际上流行的发型也都适合。

g. 妆容:要体现醒目、鲜明而时尚的妆容,如使用个性化的眼妆、唇彩、鲜亮的指甲油等。

图 6-18 前卫型风格

图 6-19 前卫型适合的形象装扮

(七) 前卫少女型

拥有一张可爱的、甜美的、有稚气的脸,其身材圆润、曲线感强,其实际年龄总让人捉摸不透(图 6-20)。

1. 主要特征:可爱、年轻、甜美、天真感、纯真感、有羞涩的气息。
2. 体型特征:量感小、曲线型、小巧、未成熟感、娃娃脸、骨骼感不突出,有梦幻感、可爱温柔。
3. 性格特征:天真的、可爱的、活泼的。
4. 总结:适合装扮成年少的小女生和小公主的风格。
5. 代表人物:沈殿霞、陈嘉桦(Ella)、刘纯燕(金龟子)。
6. 整体形象设计定位(图 6-21):

a. 服装:应选择圆润的、可爱的、没有成熟感但却有女人味的服装。如曲线裁剪的小圆领的套装,还有连衣裙、背带裤、背心裙、小碎花衬衫等都能显示出她们的可爱与活泼的个性。

b. 图案面料:适合细灯芯绒、薄而软的柔软型面料,纤细可爱的花朵、小圆点、小动物的萌宠图案等。

c. 色彩:适合选用柔和、浅淡、温馨的明亮色彩。

d. 饰品:适合可爱、小巧的蝴蝶结或花朵类饰品,如透明珠子的项链和动植物图案的耳环。

e. 鞋包:适合圆头的带有可爱装饰的皮鞋或中跟浅口鞋,适合有可爱蝴蝶结装饰的或圆润感的波点皮包。

f. 发式:适合小毛卷、短发、小辫发。

g. 妆容:用色柔和,强调眼睛的神采,突出睫毛和嘴唇的可爱俏皮是化妆的重点。

图 6-20 前卫少女型风格

图 6-21 前卫少女型适合的形象装扮

(八)前卫少年型

五官给人俊美、帅气的印象,有朝气、很精神、很干练,体型相对而言直线感略强。前卫少年型又分为成熟型和非成熟型。成熟型是指干练、帅气、具有成熟气质的类型;非成熟型是指调皮、可爱的"小男孩"类型。两者的区别在于前者更接近于男士风格,而后者趋向于时尚和可爱的中性化装扮(图 6-22)。

1. 主要特征:身型为直线型、整体风格偏中性、率直、活泼、干练、与众不同。

2. 体型特征:轮廓及五官直线感较强,俗称"假小子",有着一张线条分明、帅气的脸,眼睛灵动、目光有力度。

3. 性格特征:活泼、爽朗、大气、分明、利落。

4. 总结:适合中性化的装扮与当代流行时尚风格的塑造。

5. 代表人物:李宇春、曾轶可、周笔畅。

6. 整体形象设计定位(图 6-23):

a. 服装:前卫少年型的人与备受女性喜爱的花边裙和蕾丝无缘,正统的职业装也会使她们拘谨。其非常适合穿着活泼、时尚的中性化服装。直线型剪裁的服装是突出前卫少年型人士帅气、干练的最佳选择,如背带裤配短衬衫等。

b. 图案面料:适合麻质、灯芯绒、牛仔布等硬挺的面料,清新的几何型图案与条纹、格子图案也是前卫少年型人最佳的选择。

c. 色彩：可以选择黑白灰为主，搭配有鲜明色相感的颜色，以突出她们开朗与朝气的个性。

d. 饰品：适合别致的几何形耳环，带有现代气息、中性化造型的时尚项链、手镯等。

e. 鞋包：适合运动鞋、中跟的方口皮鞋，单带的挎包、精致的手包或双肩包等。

f. 发式：适合短发、直发，以体现帅气、干练的气质。

g. 妆容：不需要过分运用夸张的色彩，眼影、眼线与眉毛稍加强调即可。

图 6-22 前卫少年型风格

图 6-23 前卫少年型适合的形象装扮

三、对人物形象设计有影响的其他艺术风格

个人形象设计需要依据上述八大风格而定，但在具体的创意与创新设计中，还可以从更广泛的视野，参考以下几类艺术风格，塑造出别出心裁的创意造型。

（一）传统风格

传统风格源自欧洲工业革命时期并流行于现代社会的"上班族"形象中，即男士和女士有着约定俗成的固定搭配。如男士的服饰装扮为西服、衬衫、大衣（图 6-24），女士的服饰装扮为礼服、西服套装等。这类风格通常具有严肃、典雅、高贵的特点。如要对这类风格进行设计，则要突出简洁、高雅的气质，妆容造型精美，发式沉稳，服装材料选用要讲究，工艺技术要求较高。

（二）都市风格

都市风格的形象具有都市生活方式的典雅、浪漫等特征，其色彩要素雅沉着、品位或端

图 6-16　浪漫型风格　　　图 6-17　浪漫型适合的形象装扮

（六）前卫型

前卫型的人有着一张个性的、时尚的脸。整体具有一般人没有的高冷气质，有点不可接近的距离感（图 6-18）。

1. 主要特征：个性、年轻、时尚、冷峻。
2. 体型特征：骨感美、五官紧凑、个性化，眼睛有灵动之气、鼻梁高挺、轮廓分明，精神别致，也有一些孩子气或精灵般的神秘气息。
3. 性格特征：率直的、活泼好动的、革新的、叛逆的。
4. 总结：强调时尚、最新的风格与造型，避免中庸、不流行的服饰与装扮。
5. 代表人物：王菲、Lady Gaga、麦当娜。
6. 整体形象设计定位（图 6-19）：

a. 服装：服装可以尝试混搭，如短上衣、迷你裙、七分裤、紧身裤等一起搭配都能诠释出前卫型人的个性。如穿着职业装，应突出洒脱利落感，款式要新颖、别致，其目的就是要拒绝平庸、反传统、与众不同。

b. 面料图案：可以选用灯芯绒、棉、羊毛、皮革、闪光面料等进行混搭，适合个性化的条纹、格子、几何图案、抽象类图案等。

c. 色彩：适合选用与众不同的色彩来进行搭配，以突显标新立异的风格。

d. 饰品：宜选用醒目的胸针，造型奇异的项链、手镯，不规则形状的饰品等。

e. 鞋包：选用款式夸张、颜色跳跃的鞋包，如松糕鞋、马丁靴及有造型感的高跟鞋、多装饰物的皮包等。

f. 发式：适合麦穗头、超短发等，当下国际上流行的发型也都适合。

g. 妆容：要体现醒目、鲜明而时尚的妆容，如使用个性化的眼妆、唇彩、鲜亮的指甲油等。

图 6-18　前卫型风格

图 6-19　前卫型适合的形象装扮

（七）前卫少女型

拥有一张可爱的、甜美的、有稚气的脸，其身材圆润、曲线感强，其实际年龄总让人捉摸不透（图 6-20）。

1. 主要特征：可爱、年轻、甜美、天真感、纯真感、有羞涩的气息。
2. 体型特征：量感小、曲线型、小巧、未成熟感、娃娃脸、骨骼感不突出，有梦幻感、可爱温柔。
3. 性格特征：天真的、可爱的、活泼的。
4. 总结：适合装扮成年少的小女生和小公主的风格。
5. 代表人物：沈殿霞、陈嘉桦（Ella）、刘纯燕（金龟子）。
6. 整体形象设计定位（图 6-21）：

a. 服装：应选择圆润的、可爱的、没有成熟感但却有女人味的服装。如曲线裁剪的小圆领的套装，还有连衣裙、背带裤、背心裙、小碎花衬衫等都能显示出她们的可爱与活泼的个性。

b. 图案面料：适合细灯芯绒、薄而软的柔软型面料，纤细可爱的花朵、小圆点、小动物的萌宠图案等。

c. 色彩：适合选用柔和、浅淡、温馨的明亮色彩。

d. 饰品：适合可爱、小巧的蝴蝶结或花朵类饰品，如透明珠子的项链和动植物图案的耳环。

e. 鞋包：适合圆头的带有可爱装饰的皮鞋或中跟浅口鞋，适合有可爱蝴蝶结装饰的或圆润感的波点皮包。

f. 发式：适合小毛卷、短发、小辫发。

g. 妆容：用色柔和，强调眼睛的神采，突出睫毛和嘴唇的可爱俏皮是化妆的重点。

图 6-20 前卫少女型风格

图 6-21 前卫少女型适合的形象装扮

（八）前卫少年型

五官给人俊美、帅气的印象，有朝气、很精神、很干练，体型相对而言直线感略强。前卫少年型又分为成熟型和非成熟型。成熟型是指干练、帅气、具有成熟气质的类型；非成熟型是指调皮、可爱的"小男孩"类型。两者的区别在于前者更接近于男士风格，而后者趋向于时尚和可爱的中性化装扮（图 6-22）。

1. 主要特征：身型为直线型、整体风格偏中性、率直、活泼、干练、与众不同。
2. 体型特征：轮廓及五官直线感较强，俗称"假小子"，有着一张线条分明、帅气的脸，眼睛灵动、目光有力度。
3. 性格特征：活泼、爽朗、大气、分明、利落。
4. 总结：适合中性化的装扮与当代流行时尚风格的塑造。
5. 代表人物：李宇春、曾轶可、周笔畅。
6. 整体形象设计定位（图 6-23）：

a. 服装：前卫少年型的人与备受女性喜爱的花边裙和蕾丝无缘，正统的职业装也会使她们拘谨。其非常适合穿着活泼、时尚的中性化服装。直线型剪裁的服装是突出前卫少年型人士帅气、干练的最佳选择，如背带裤配短衬衫等。

b. 图案面料：适合麻质、灯芯绒、牛仔布等硬挺的面料，清新的几何型图案与条纹、格子图案也是前卫少年型人最佳的选择。

  c. 色彩：可以选择黑白灰为主，搭配有鲜明色相感的颜色，以突出她们开朗与朝气的个性。

  d. 饰品：适合别致的几何形耳环，带有现代气息、中性化造型的时尚项链、手镯等。

  e. 鞋包：适合运动鞋、中跟的方口皮鞋，单带的挎包、精致的手包或双肩包等。

  f. 发式：适合短发、直发，以体现帅气、干练的气质。

  g. 妆容：不需要过分运用夸张的色彩，眼影、眼线与眉毛稍加强调即可。

图6-22　前卫少年型风格　　　　图6-23　前卫少年型适合的形象装扮

三、对人物形象设计有影响的其他艺术风格

  个人形象设计需要依据上述八大风格而定，但在具体的创意与创新设计中，还可以从更广泛的视野，参考以下几类艺术风格，塑造出别出心裁的创意造型。

（一）传统风格

  传统风格源自欧洲工业革命时期并流行于现代社会的"上班族"形象中，即男士和女士有着约定俗成的固定搭配。如男士的服饰装扮为西服、衬衫、大衣（图6-24），女士的服饰装扮为礼服、西服套装等。这类风格通常具有严肃、典雅、高贵的特点。如要对这类风格进行设计，则要突出简洁、高雅的气质，妆容造型精美，发式沉稳，服装材料选用要讲究，工艺技术要求较高。

（二）都市风格

  都市风格的形象具有都市生活方式的典雅、浪漫等特征，其色彩要素雅沉着、品位或端庄或俏皮,线条应流畅简练,装饰得体。都市风格的形象设计最重要的特点是突出都市人群的生活气息,即都市女性要求时尚、干练(图6-25),都市男性要求简约、精致。都市风格的色彩常常是以黑、白、灰、棕为主,可适当加入一点彩色作为点缀,整体风格要与都市耸立的高楼、科技风的电子产品、智能化的办公环境融为一体。

（三）休闲风格

休闲风格是一种摆脱传统束缚、拘谨、严肃的现代时尚风格。相对于拘谨的传统款式、沉闷单调的色彩,休闲风格的造型呈现出的是一种轻松、自由自在的感觉。休闲风格的服饰非常注重于上、下装之间的穿配,色彩要求和谐、自然(图6-26)。在整体形象设计中应突出随性、随意、自然等特点,要弱化妆容的繁复,丰富服饰品之间不同单品、色彩、材质的组合,以满足人们在休闲、放松情景下的需求。

图6-24　传统风格男士形象　　图6-25　现代都市女性风格　　图6-26　现代休闲风格

（四）田园风格

田园风格是一种追求无任何虚饰的、近乎原始的、纯朴自然的唯美风格,通常从大自然的花草树木和美景中汲取设计灵感,追求古代田园一派自然清新的气象,带给人们自然般的绝佳感受。现代工业化中污染对自然环境的破坏、繁华城市的嘈杂和拥挤、快节奏生活引发的紧张忙碌、社会竞争的激烈、暴力和恐怖事件的频发等,都给人们带来了种种的精神压力,人们不由自主地向往精神的放松与舒缓,追求平静单纯的生存空间,向往大自然。而田园风格的自然妆面、宽松的服装款式、天然的棉麻材质和素雅的图案色彩为人们带来了有如置身于大自然中的悠然之感,受到了越来越多人的青睐。田园风格很适合用于人们外出郊游、散步和各种轻松的行动中(图6-27)。

（五）超前风格

超前风格也被称为未来派风格,主要用于一些前卫艺术的创作中,往往给人一种惊世骇俗、反传统、特立独行、不媚俗的印象。超前风格是表达一种叛逆精神的艺术延伸,它强调艺术生存本身所具备的独立品格和批判立场,寻求艺术新生的方式和其他多种可能性。

图6-27　田园风格女性形象

在超前风格的形象设计中,通常是采用一些大胆的甚至怪异、夸张的造型,如不规则的服装廓形、强烈大胆的色彩拼接、混搭的各种材质、夸张亮丽的饰品等,让人极度振奋(图6-28)。如朋克、嘻哈风格在当时那个年代就属于超前风格的代表。

图6-28　超前风格形象

(六)运动风格

随着人们健康理念的改变,越来越多的人以运动作为生活中的重要内容。体现青春、时尚的运动休闲风格越来越受到人们的追捧,产生这种现象的原因主要是由于消费者对服装舒适性和个性化的要求越来越高,而体现时尚、舒适大方的运动休闲服饰恰好满足了大众的这一追求。运动风格以运动理念为主,如在服装、鞋袜上,通常采用宽松、弹性的面料,拼接的色彩,表达出活力、奔放与自由洒脱的美感(图6-29)。

(七)民族风格

民族风格源于世界各国传统性的民族装束或乡村风格。民族风格富有独特的民间韵味,其妆容、发式造型、服饰、色彩、图案、材质、饰品都极具特色,体现出不同民族的风土人情和生活习惯。将民族风格注入到现代人物形象设计中能给人耳目一新的感觉。当今世界上诸多的服装设计师、形象设计师等都前往世界各地采风,将各地有代表性的民族民间艺术融入到自己的创新设计中,获得了极大的成功。如将我国少数民族传统银饰、织锦等艺术形式用在现代饰品和形象、服装设计中,往往能取得光彩夺目、引人瞩目的别样效果(图6-30)。

图6-29 运动风格形象

图6-30 民族风格形象

第七章 人物形象设计创意思维与作品赏析

第一节 人物形象设计的形式美要素与法则

一、形式美的基本要素

点、线、面、体是所有设计形式中的基本要素,它们既是独立的因素,又是一个相互关联的整体,相互之间可以互相转化。设计艺术也就是运用形式美的基本法则有机地组合点、线、面、体及其关系,从而创造一种富有美感的形式的过程。

(一)点

点是视觉形态元素中一个最小的单位。在形态学中的点还有大小、形状之分。在不同的构成情况下,点能引起人们的不同视觉感受,从而表现出不同的情感。如点在空间的中心位置时,可产生扩张或集中感;散乱的点在空间的一侧时,可产生不稳定的游移感;点的竖直排列能产生直向拉伸的规律感;较多数目、大小不等的点作渐变的排列时可产生立体感和视错感;大小不同的点有秩序的排列可产生节奏韵律感(图7-1)。形象设计中的点可以是一个发饰、眼妆上的细小设计、服装上的一个胸花等,往往都是画龙点睛的焦点部位。

图 7-1 点的形态构成

图 7-2 线的形态构成

(二)线

点的运动轨迹就形成了线,在形态学中的线还有粗、细、宽、窄、虚、实之分。不同特征的线形能给人们不同的视觉与心理感受。如在设计中,通常将线分为直线和曲线两类。直线具有纵深感,水平线具有安定感,斜直线具有方向感、不稳定感,曲线、弧线、波浪线具有柔和、蜿蜒感;实线具有踏实稳重感,虚线具有柔弱无力的不确定感。不同线条的组合排列,如交错、平行、角度、位置的变化等还可产生一定的空间与错觉感。例如同时改变线的长度可产生深度感,而改变线的粗细又能产生明暗效果等。在人物形象设计中,巧妙利用线条的长短、粗细、浓淡及比例关系变化并运用线条的视错觉效应可以扬长避短,形成别具一格的艺术效果(图7-2)。

（三）面

线的移动轨迹构成了面，面具有二维空间的性质。从更广泛的意义上来讲，扩大的点、封闭的线、密集的点和线都可以看成是面。形态学中的面有平面和曲面之分。面又可根据线的构成形态分为方形、圆形、三角形、多边形等不同几何形面。这些几何形面各有特性，如圆形具有圆满、吉祥之感，方形具有方硬、棱角感，偶然形具有随意活泼之感等。面与面的分割组合以及面与面的重叠和旋转会形成新的面（图7-3）。在形象设计中，面主要是通过某种造型、物体或色彩关系来体现的，如眼影的色彩是一个面，唇色也是一个面，发型是一个面，服装的整体轮廓又是一个面。我们需要合理进行布局，让所有的面形成相互呼应、协调的比例关系，才能取得良好的艺术效果。

图7-3 面的形态构成

（四）体

图7-4 体的形态构成

体是由面与面的组合而构成的，具有三维空间的概念。从广义上来说，将点、线、面做成具有一定厚度（长、宽、高）的物体也就形成了体的概念。生活中纯平面的点、线、面其实是不存在的，任何物体都是具有体积的。体是自始至终贯穿于设计中的基础要素，设计师从一开始就要树立起完整的立体形态概念。因为形象设计中的主体是人，人就是一个由不同形体组合成的复杂关系体。任何形象设计的手法都是在人体上完成的，如服装就是一个体，它应与人体完美结合，服装设计要符合人体的形态以及运动时人体变化的需要。另一方面，通过对体的创意性设计也能使形象与服装别具风格。如在服装、饰品、发饰中运用一些填充、撕裂、堆积等立体手法，能丰富形象设计的视觉语言。日本著名时装设计师三宅一生（Issey Miyake）就是以擅长在设计中创造出具有强烈雕塑感的服装造型而闻名于世（图7-4）。

二、形式美的基本法则

在西方古希腊时代就有学者与艺术家们提出了美的形式法则理论。时至今日，形式美法则已经成为现代设计的基础理论知识。形式美法则是人类在创造美的形式、美的过程中对美的形式规律的经验总结和抽象概括。主要包括：对称与均衡、对比与调和、变化与统一、比例与分割、节奏与韵律等。

（一）对称与均衡

对称是指以一个中心为参照，其左右两边的形式因素（如质量、数量、距离）都处于完全相等的状态,对称关系应用于形象设计或服装设计中可表现出一种严谨、端庄、安定的感受,如中山装、校服等都是严格对称的设计。而均衡(也称非对称平衡)是以一个中心为参照,左右两边的形式因素(如质量、数量、距离)不尽相同,但其却在空间位置上处于一定的协调状态,给人心理一种平衡感。有时候为了打破对称式平衡的呆板与严肃,追求活泼、新奇的趣味感,我们需要用到均衡这一形式美法则。如在礼服上常见到的S造型礼服、一些不对称的发式设计等。均衡的设计法则虽然双方不完全一致,但其是以不失重心为原则的,追求的是静中有动、气韵生动的艺术效果(图7-5)。

(二) 对比与调和

图 7-5 对称与均衡

"对"含有双数以上的概念,"比"则有较量、比较、求得异同的意思。对比意味着对立、矛盾、差别,是指两个以上不同造型或元素形成相互对立的局面。对比有形状上的、色彩上的、材质上的,有时候为了营造一些氛围或进行特殊的设计,需要加强对比,如舞台上主要演员的形象设计、马路上环卫工人的服装设计等。但有时候我们需要减弱这一对比做到调和。调和是形、色、材质等因素之间相互关系的协调统一,让双方都在一定的规范下取得协调,不过于刺激与跳跃,从而带给人们一种安定、温柔的视觉心理。如在合唱队中,所有合唱队员的服装均要统一,这就是协调;在作战时,战士们所穿的迷彩服也只有与周围环境取得协调一致,才能避免被敌人发现。但应注意的是对比与调和并不是绝对的,而是经常互相影响和渗透的,我们也应该避免单一的对比与调和,而应该将二者结合起来(图7-6)。

图 7-6 对比与调和

(三) 变化与统一

变化是指相异的各种要素组合在一起时形成了一种明显的对比和差异的感觉,也可以指一个物体逐渐发生的有别于原本面貌的变化。变化具有多样性和运动感的特征。如在系列形象设计中,每一个人物的造型都是与其他造型不同的,这就是变化。统一是一种秩序的表现,即一个物体是由相同或相似的各种要素汇集而成的一个有机整体,从而带给人们一种视觉上的协调、完整感。如一组形象设计的系列作品,其主题是唯一的,也就是所有的造型都需要围绕这个唯一的主题来进行创作,即所用的材料、色彩、手法都应该是一致的,只是在位置、大小、关系上有所变化。可以看出,变化与统一的关系是相互对立又相互依存的统一体,缺一不可。在追求秩序美感的统一风格时,也要防止缺乏变化引起的呆板单调的感觉。因此在统一中求变化,在变化中求统一,并保持变化与统一的适度,才是形象设计创意的完美手法(图7-7)。

图7-7　变化与统一

图7-8　比例与分割

（四）比例与分割

比例是部分与部分或部分与整体之间的数量比关系。人们在长期的生产实践和生活活动中一直运用着比例关系，并以人体自身的尺度为中心，根据自身活动的方便总结出各种尺度标准，体现于衣食住行的各种器物和工具制造中。恰当的比例会有一种协调的美感，称为比例美，早在古希腊时期就已发现了至今为止全世界公认的最美的比例——黄金分割比(1∶0.618)。这种最美的比例对于现代的设计艺术活动具有重要的影响。从形象设计角度来说，就是要营造头、躯干、腿等人体各部位恰当的比例关系。分割即是一种布局，它与比例息息相关，按照一定比例进行的分割就成为了比例关系。分割可以分为纵向分割、水平分割、斜向分割等形式，由此产生不同的视觉效果(图7-8)。如服装上以腰线为标准进行上下装的分割，可以形成高腰、中腰、低腰三种服装形态。

（五）节奏与韵律

节奏与韵律本是音乐中的术语。节奏是指音响的轻重、缓急等，如音的强与弱、高与低、长与短的重复、间隔或停顿、交替所产生的一种规律就称为节奏。在形象设计中，多色重复的眼影色彩、多层次的裙摆都是节奏的体现。韵律也称旋律，是指各种音符根据一定的编排和节奏的律动所产生的一种和谐的渐变或反复。如在造型元素中，点、线、面、体以一定的间隔，按照一定的方向规律性地排列，并连续反复运动之后就产生了韵律(图7-9)；韵律还可以表现在形象设计中卷曲的发型、装饰的荷叶边上。节奏与韵律可产生三种不同的变化：有规律的重复、无规律的重复和等级性的重复。这三种变化形式在视觉上各有特点，对人们的心理感受也有着不同的影响，在设计过程

图7-9　节奏与韵律

中要合理运用。

此外还有重复、渐变、夸张、视错觉等也是重要的形式美法则,应该在形象设计中灵活利用。

第二节 人物形象设计的创造性思维

人物形象设计是一项创造性的工作,与创造性思维密不可分。当创造性思维与设计原理、造型技巧有效而巧妙地结合在一起时,作品才会充满生机与活力。学习形象设计除了掌握丰富的理论和娴熟的技巧之外,创意思维和创造能力也极为重要。

一、创造力是形象设计的核心内容

人物形象设计是展示设计师思想活动与创造能力的综合载体。创造力是设计心理活动的重要组成部分,每一个人都具有自身的、与众不同的创造力,只不过需要用适当的方法将其开发出来。创造力的发挥程度会直接影响到形象设计的最终成果。当我们在形象设计过程中有意识地开发创造力,使创造性在设计作品中形成核心时,将会使我们的设计作品更加富于新意,富有活力,富于个性。创造力是设计师知识、智慧、艺术修养以及个性风格的综合展示,也是设计师的一种自我实现。这种自我实现是设计师对于生活新意、美的追求和愉悦心情的再创造,是区别于他人和其他作品的重要标志之一。

二、形象设计创造性思维的训练

创造力的形成主要取决于设计师是否具有创造性的思维方式。要获得丰富的创意思维和创新能力,平时的训练不可忽视。形象设计的创造性思维方式主要通过以下训练获得:

1. 要打破一般常规式的思维方式,要另辟蹊径,尽量从不同角度、不同方面进行思考,设想以多种方式完成一项工作。
2. 随时保持思维的活跃性,不要受经验、常规的束缚。
3. 保持思维的广阔性,从多方面观察事物、对象,要在一般人看起来没有任何关联的资料信息中,发现其之间相关的联系,并获取创意资源与条件。
4. 要善于联想,设想将本无联系的一些事物组合起来,重组创新。
5. 要学会"视角转换",即抛开以自我为中心,以非我视角,从对方的角度进行思考,可以使作品更具有说服力。

三、设计师应具备的创意思维能力

设计师需要注重在日常生活中养成以下能力,以拓展自己的创意思维能力。

(一)观察能力

形象设计师应具有迅速而敏锐地捕捉到有关事物的各种细节和特征的能力,这就需要培养良好的观察能力。良好的观察能力有利于形象设计创造活动的展开,有利于作品设计的与众不同。当一个设计师具有精确细致的观察能力,经常能觉察到那些别人不曾注意到的或是稍纵即逝的事物时,他的设计作品也就会具备别人所没有的优势。如在对某人进行形象设计时,观察力敏锐的设计师会捕捉到被设计者内在的、不易被人察觉的气质、个性、喜好等,而将这些因素融入到其设计的作品中,那么作品和被设计者就会高度地融为一体,作品会更富有真实性、整体性、情感性。

(二) 想象能力

想象能力在任何设计领域都是极其重要的。设计师通过想象,使思维打破时间和空间的限制,设计出原本不存在的创意作品,从而能吸引大众的眼光。想象能力也是引发设计创造的先导条件。设计师的想象力越丰富,他在设计中的道路就越宽广;设计师的想象力越强烈,他在设计中的思路就越清晰;设计师的想象力越新颖,在设计活动中的设想就越富有生命力。通常来说,一个人的情绪越丰富,想象力也就越丰富;情绪越积极,想象力也就越积极。正向情绪,如愉快、乐观的情绪常使人想起充满希望、令人兴奋的情景;负向情绪,如抑郁、悲观的情绪则常使人想起沮丧、失望的场景。所以设计师在进行创造活动时,应保持自身乐观的情绪和积极的心态,激发优良的想象能力,创造出富有正能量的优秀作品。

第三节 人物形象设计的灵感来源与获取

一、灵感的概念

"灵感"一词在文学词典中解释为:"在文学、艺术、科学、技术等活动中,由于艰苦学习,长期实践,不断积累经验和知识而突然产生的富有创造性的思维。"通俗来说,灵感就是灵敏的感觉现象。古希腊哲学家柏拉图在《伊安篇》中把灵感解释为神力的驱使和凭附。灵感是一种富于魅力的、突发性的、看不见也摸不着的思维活动,是一种心灵上的感应。它具有偶然性、跳跃性、增量性、短暂性、独特性、不可重复性、潜意识性、不稳定性及专注性等特征。在科学领域,许多攻克不了的难题和发明创造有时就得益于灵感的闪现。在文学和艺术领域,灵感的运用产生了许多佳作。因此,灵感在人类的创造活动中起着非常重要的作用。

虽然灵感具有突发性,似乎是灵机一动的"顿悟",但其实灵感的产生不是偶然孤立的现象,没有坚持不懈的努力与追求、没有丰富的经验和成果的积累,就不会有瞬间的灵感迸发与感悟,也正如我国古代谚语中对灵感的描述:"得之于顷刻,积之于平日",所谓"厚积薄发"也就是此理。灵感的突然迸发是艺术设计中最美妙的时刻,此时设计师的思维活动特别敏锐,创作的效率也特别高。因此,设计师要善于把握时机,捕捉灵感,记录灵感,并将灵感巧妙地运用于形象设计中。

二、人物形象设计中的灵感来源

设计中的灵感往往与生活息息相关,任何灵感都不可能是无源之水、无本之木,而是生活中万事万物在人的思维中长期积累的结果。服装设计大师克里斯汀·迪奥(Christian Dior)曾说过:"石头、木头、生物、机械的动作、光线等都成为小小的媒介,我借助于它们立即可以捕捉到灵感。"可以说,灵感无处不在、无时不在、遍地皆想法。

(一)从大自然形态中获取灵感

大自然孕育了人类,也是人类各种创作活动中取之不尽、用之不竭的灵感源泉。大自然的鬼斧神工曾经让无数的文人墨客流连忘返,同样也激发了艺术家、设计师强烈的创作欲望与无限的创作灵感。优美的风景、漂亮的花草、日月星辰、风雨雷电、河流山川甚至自然万物的生长灭亡都会给人以灵感。数千年前,人类在陶艺、壁画、布料、棺木中都曾大量地取用了自然界的形态和纹样。时至今日,人们还一直把大自然的形态视为艺术创作与设计的重要灵感来源。在人物形象设计中,自然界的植物、动物或景物的形状、图案可以运用在妆容、发式、服饰造型、色彩、图案、面料等各个方面。

(二)从姊妹艺术中获取灵感

艺术都是相通的。姊妹艺术之间有着许多触类旁通的关联,如绘画中的线条与块面、音乐中的旋律与和声、舞蹈中的形体与动感、雕塑中的空间与形态、摄影中的光线与影像、诗歌中的呼应与意境等都可以成为人物形象设计的灵感来源。因为这些姊妹艺术有着共同的艺术创作规律,不仅在形式上可以相互借鉴,在表现手段上也可以融会贯通。人物形象设计是一项综合性的艺术形式,更应注意从其他艺术门类中汲取营养。从蒙德里安的冷抽象到康定斯基的热抽象,从东方艺术到西方艺术,从波普艺术到嘻哈之风,都可从中找到运用于人物形象设计的灵感。将建筑元素融合于人物造型当中,无论任何时期的建筑都具有其年代的烙印,而人可以是流动的建筑,因此建筑和人物造型都是历史的镜子。建筑强调的是三维空间,强烈的立体感。在人物造型中这种思维方式同样受用,而且往往能够使设计作品呈现出深层次,引人思考深入的形式状态。(图7-10)。

图 7-10 姊妹艺术灵感的形象设计

(三)从流行资讯中获取灵感

在人物形象设计的灵感来源中,流行资讯是最直观、最快捷、最显而易见的,也是最容易被运用于人物形象设计中的信息参照点。它包括网络、杂志、报纸、书籍、展览会等媒介

图7-11 流行资讯灵感的形象设计

或方式。同时,世界时装大师和各服装品牌公司每年举办的服装发布会以及流行预测机构所作的流行预测发布会等都是重要的潮流参考。人物形象设计离不开流行,而流行资讯又是最重要的媒介。因此,设计师在平时要养成收集和整理资料的习惯,经常翻阅这些资料时,设计灵感便会如泉水般涌现,脑海中也会不断地闪现出新的想法,逐渐形成新的设计(图7-11)。

(四)从传统民族文化艺术中获取灵感

人物形象设计的发展离不开传统形象设计文化的启发和借鉴。在长期的生活实践中,我们的祖先创造了大量具有较高艺术欣赏价值的传统文化艺术。如不同支系、不同地域文化就形成了截然不同的民族穿戴与习俗。正所谓"十里不同风,百里不同俗",不同民族与地域的形象设计、服装样式、色彩、图案纹样、装饰以及风土人情等常常包含着丰富的含义,其民族图案更是一种文化"密码",蕴藏着丰富的寓意和神话故事。还有一些少数民族建筑、器物、手工艺、歌舞等都是其宝贵的文化艺术形式与载体,都可以成为人物形象设计创作的重要灵感来源。从传统民族文化艺术中提取设计元素时,应注重了解它们的文化内涵、表现形式,这样才能创造出具有一定审美价值和精神寓意的优秀形象设计作品(图7-12)。

图7-12 民族文化灵感的形象设计

(五)从科技成果中获取灵感

科技成果似乎与艺术、设计毫不相干,前者需要的是严密的逻辑思维,属于自然科学范畴,后者注重的是跳跃性的形象思维,属于人文科学范畴。然而,科技成果却反映了当代社会的进步程度,如现在已研制出的免洗型环保服装、牛奶纤维、可食面料、夜光面料,还有宇航员的宇航服、南极考察服装等,这些高科技产品已经对我们的生活产生了深刻影响。如在20世纪60年代,航空航天技术的突破性发展曾经对设计界产生了极大的影响,著名服装设计大师皮尔·卡丹所设计的著名的宇宙系列服装就是以此为灵感创作的,他设计的"卫星式"礼服颇似即将升空的火箭,表现出强烈的科幻感(图7-13)。

(六)从时事动态中获取灵感

众所周知,时事政治的重大变革将冲击到社会的各个领域,同样也包括人物形象设计领域。人物形象文化是人类特有的现象,也是时代的解码——可以通过形象这面"小"镜子折射出社会这个大舞台,它不仅反映了时代的变换、社会的变迁,还透射出了思想的进步与观念的革新。因此,形象设计师对社会所发生的时事动态要有敏锐的洞察力和判断力,并巧妙地利用这些元素,用形象设计的独到语言和符号来诠释,形成创新的作品。如1991年海湾战争爆发期间,设计师瓦伦蒂诺在他的时装发布会上所展示的"和平服",用银色和灰色珠片绣有十四种语言的"和平"一词,与有珠片拼贴的和平鸽装饰的白缎短上衣相搭配,令人印象深刻。2001年和2014年两次在中国举办的APEC会议,让中国风的服装与形象设计大放异彩,成为国际时尚界的潮流趋向(图7-14)。

图7-13 科技成果灵感的形象设计

图7-14 实事动态灵感的形象设计

第四节 人物形象设计的创作流程

一、个人情况调查

在进行人物形象设计之前,一定要进行充分的调查与了解。调查得越充分,对设计对象的情况了解越多,就越能准确定位其风格特征。个人情况调查一般包括物质形象信息调查和精神形象信息调查两方面。

（一）物质形象信息调查

物质形象信息调查包括属性资料调查和体征资料调查两方面。

1. 属性资料调查

属性资料调查包括对设计对象的性别、年龄、人种、民族、国籍、学历、工作等信息的调查。

2. 体征资料调查

体征资料调查主要包括对设计对象的身高、体重、三围参数、人体比例、体态特征（包括肤色、发色、发质、颜面特征）和健康情况的调查。

（二）精神形象信息调查

精神形象信息调查包括对设计对象的生活背景、社会背景、兴趣品位和主观形象期待的调查等。

1. 生活背景调查

生活背景主要包括设计对象的成长环境、家庭结构、经济状况和教育状况等信息。

2. 社会背景调查

社会背景主要包括设计对象的社会经历、工作属性、社交层面和社会角色等信息。

3. 兴趣品位调查

兴趣品位主要包括设计对象的理想、性格、兴趣、爱好、宗教、信仰、习惯和风俗等信息。

4. 主观形象期待调查

主观形象期待主要包括设计对象对于自己理想的或期待的形象设计的预测、设想或主观愿望等信息。

二、分析定位

将调查来的资讯与信息进行归纳与分析，寻找该形象的定位与设计方法，这是人物形象设计的关键程序。首先要根据物质形象信息进行分析定位。针对设计对象的年龄、性别、人种、民族、国籍等这些硬性资料特征，分析其喜好与禁忌，做出合理的设计方案。其次要对精神形象信息进行梳理与总结。通过对设计对象的生活背景、社会背景、兴趣品位、主观形象期待等一系列软性资料进行分析，来确定形象设计的主题、风格、色彩、材质等审美趋向。

三、创意构思

根据上述形象设计的分析与定位，接下来就应探索性地寻求创意与构思，这是整个形象设计的核心部分。创意构思即确立新的独特的概念，可以将创意的设想用草图、效果图的方式予以表达，将一种思想转化为设计图纸，一目了然。虽然这个阶段只是一个抽象的理念和未成形的构想，但它却是将创意物化、具体化、实施化的必经过程，具有重要意义。

四、具体实施

这一阶段是将设计与创意物化的过程。即根据创意构思来具体实施对该人物形象设计的创作,以具体的、有形的、物化的形态来体现创意概念。诸如选择何种表现方式、运用哪种材料、选择哪种色彩,如何通过技巧来实现这些要素的组合等。总的来说,这一阶段的目的是呈现出一个真实的人物形象设计造型实体。

五、优化调整

此阶段是在完成相关的形象设计作品之后,从设计师和大众双方面的视角与眼光来评价作品并进行调整的过程,如对于残缺部分的修改、对于细节部分的完善等。它要求从整体出发,协调形象设计中各要素与主题之间的关系,使它们趋于最优化,从而达到一种精致、完善、具有强烈时代感与人文气息的艺术效果。

第五节　人物形象设计的构思与表现

一、人物形象设计的构思与创作方法

人物形象设计的构思与创作方法主要有主题构思创作法,情调、情趣引入法,系列组合设计法等。

(一) 主题构思创作法

主题是一个艺术作品思想内容的核心,它反映出作品的思想情感,是艺术创作的灵魂。主题具有高度的概括性与凝聚性,对设计思维起着主导性的作用,通常它也是一种时代精神的象征和设计师创作思想的寄托。运用主题构思法进行人物形象设计的创作,其关键在于对主题进行目标性破解,即如何从主题中提炼出表现形式、造型元素和设计风格。由于不同的人有着各异的思想意识和审美情感,所以,即使同一个主题也会演化出不同的设计构思和创作手法,表达在作品中,就形成了千千万万种表现形式。主题构思创作法的关键在于如何结合当今的流行与时尚,在时代与历史的变迁中发掘出主题的内涵,并综合运用各种造型要素进行创新设计。如"风花雪月"这一主题,设计师可以利用花、月这两种视觉元素,并围绕着其对"风花雪月"内涵的理解,结合传统民族元素与现代流行风格来进行创新设计(图7-15)。

图7-15　风花雪月主题的形象设计

(二) 情调、情趣引入法

情感是主题的延伸,是风格的载体。融入情感、情调、情趣的形象设计,其内涵更为丰富,艺术表现也更具感染力。一个成功的人物形象设计作品往往会在作品的视觉语言中传达出某种情调、情趣因素,使作品更具生命力。如果说人物形象设计中的主题、风格是从大处着手,那么情调、情趣则是从小处着眼。这种小处着眼的情感因素更

能点染整体形象设计的风格,增加人物形象设计作品的艺术感染力。情趣、情调的设计有两种表现方式:第一是在成型的人物形象设计作品上,根据观众对该人物形象设计的审美反应,将其他的视觉元素,如饰品、道具等作为情趣、情调的载体,与原有的人物形象进行融合搭配;第二种方式为原创性方式,即在进行人物形象设计的创作初期就注入某种情趣、情调表现因素,并强调其审美与感性的作用,如母性、亲情的形象设计元素或主题等(图7-16)。

图7-16　融入亲情"LOVE"的形象设计

(三) 系列组合设计法

系列组合设计法是参加大型比赛、作品展示、流行趋势发布以及平时设计训练中经常用到的方法,它实际上是在诠释同一个主题的情况下,运用同一或相似的造型元素或表现形式,对这一主题下不同人物造型进行多样化设计与处理的方法。一般来说,三个以上的作品才能称之为一个系列。在实际的设计活动中,可以一人单独设计一个系列,也可以两三人按一个主题内容完成一个或多个系列。值得注意的是,系列组合设计的内容不能偏离主题,但系列中的各个人物形象造型既要有所区别又要取得和谐,即要把握好统一与变化的形式美法则关系。系列组合设计法很具有挑战性,它便于拓展思维,发掘设计的多元表现力,有利于设计作品的集中展示,并极富视觉冲击力(图7-17)。

图7-17　中式风格的系列形象设计

二、人物形象设计表现的构成形式

人物形象设计属于美术设计中的实用艺术设计,它必须以一定的方式和手法表现、呈现出来,所以形象设计的构思及艺术表现都必须考虑实用与美感的组合。从严格意义上讲,人物形象设计具有系统人体工程中所包含的人体因素、人文因素、社会因素、情感因素、艺术因素、材料因素和工艺因素等。在其具体的表现形式中,必然体现一定的思维结构,型、色、质的造型结构,素材、主题、风格的艺术结构,局部与整体的融合结构。

(一)创意表现的思维构成

在人物形象设计中,创意不是简单的设想和老旧的构思,从美学的角度来看,它应是一个带有策划性的系统思维。这其中包括设计师对艺术创作独特的感受与领悟、对人物形象设计审美意象的捕捉和审美意境的营造、对创作情感的激发和创造性思维的调动。创意起步于形象设计中创作主题及设计风格的把握,贯穿于整个艺术表现过程中,具有灵魂与核心的意义。一个成功的人物形象设计作品,首先取决于其优秀的设计创意思想。设计师在进行创作之前,应首先确定创意设计的主题,同时为每一个不同的创意主题探索并选择具有审美境界和创新意义的艺术设计风格和艺术表现形式。如体现的是前卫风格还是古典、传统、民族风格;是表现神秘、梦幻、浪漫的艺术形象,还是优雅、娴静、妩媚的时尚生活形象。设计师在进行人物形象设计创意构思时,应将主观的自我表现与客观

图7-18 形象设计的创意表现

的对象条件完美融合,这样才能使人物形象设计的表达兼具实用性与艺术性(图7-18)。

(二)型、色、质的造型构成

在人物形象设计艺术的表现中,型、色、质是极其重要的构成部分和视觉元素,它们相互作用,缺一不可。型包括人体形态、服饰造型、发式造型和化妆造型,它们以具象的形态展现着自己的美学特征,是人物形象设计创作的基础。色在人物形象设计中具有一定的情感因素,即在各种型的基础上,将色彩原理和配色规律运用其中,并使其获得协调。质包括肤质、发质、服饰面料及其他材料的质地、质感特征。质感具有强烈的风格特征,对于触觉极为重要,如轻薄质地的面料给人飘逸感、妩媚感,厚重质地的面料给人温暖感、坚实感,光滑质地的面料给人华丽感,粗糙质地的面料给人质朴感等。在型、色、质的构成与设计中往往要将设计师的个人感情融入,融入情感的型、色、质表现才是最有生命力的作品表现(图7-19)。

图7-19 形象设计的型、色、质构成

(三) 素材、主题、风格的艺术构成

素材、主题、风格是人物形象设计创作中的三个主要内容,无论是人物形象设计的创意或是型、色、质的造型设计表现,与这三个部分的内容都是相通相连的。素材是人物形象设计创作的基因,素材的提炼是设计的出发点。它一头连接着主题的立意,一头连接着设计风格的展开及表现。主题即形象艺术设计创作的立意及标题,它是人物形象设计中素材表现的结晶,是设计理念的体现,它主导着设计风格的形成。风格在人物形象设计中主要包括个人风格、艺术风格和素材风格,它能显示出人物形象设计的主要面貌特征(图7-20)。在人物形象设计的创作中,这三个部分构成了一个互相影响并相互关联的三角结构,是人物形象设计中最稳定的艺术结构形式。

图7-20　形象设计的素材、主题、风格

(四) 局部形象与整体形象的综合构成

人物形象设计是由三个具有相对独立意义及造型特征的局部形象有机结合而成的,即妆容形象、发式形象、服饰形象。发式是运用人体固有的毛发进行廓型、层次、色彩、纹理等方面的造型设计,以达到具有美感的样式;妆容是对人体固有的面部五官形态进行美化塑造,如运用色彩、技巧修饰面部的轮廓,强化眼部、唇部,以达到精致的妆面效果;服饰能够凸显人体、美化人体,映衬妆容与发型,是塑造整体人物形象风格的重要手段。这三者既可以分别独立地进行各自塑造,展示出局部的风采,又必须在一个统一的整体人物形象设计作品中达到协调与完善(图7-21)。

在人物形象设计中,设计师个人的设计风格、审美态度、技巧能力也极为重要,因为形象设计一方面是设计师个性化设计风格的表现,另一方面又是设计师对设计对象个性风

图7-21　局部与整体结合的形象设计

格、美的形体及形象的塑造，设计师应该兼具这两种风格的把握能力。这也要求设计师的文化素养高，具有对人物形象设计独特的感受和领悟能力、创造性思维能力、艺术表现能力以及审美情趣等。纵观国际上著名的服装设计师和形象设计师，其作品为什么能让人一眼就识别出来，并过目难忘，这就是其个人风格在作品中的体现，是其个人魅力的散发。

第六节　不同类别的人物形象设计创意与赏析

一、职业形象设计

职业形象设计，指在职业工作中的形象设计，一般是以不同工作（种）中的人为设计对象的，其环境就是工作的场景，如在上班的公司、会议谈判、接受采访、行政工作和商业服务（如酒店、餐厅类服务员）等场合。其对象一般有机关公务员、事业单位人员、教师、医生、大企业的员工等，这些职业对就职人员的专业素质、身心健康、办事效率等有着较高的要求，其形象设计也应遵循庄重、优雅、现代、简约的标准（图7-22）。

图7-22　职业形象设计

二、社交形象设计

社交形象即人与人在社会交际活动中给对方的一种印象。当今的社交形象可分为传统型社交形象与新型社交形象。传统型社交形象一般出现在庆典、仪式、宴会、酒会等场合，也称晚宴形象，属于相对正式的社交活动，在形象设计中应体现出高贵、典雅、内涵的气质；新型社交形象往往有着不同的主题和自由的形式，充满趣味、新奇，并张扬着年轻的个性（图7-23）。例如参与朋友的生日派对、某品牌的庆功宴、酒会等，甚至还包括春游、野外聚餐等活动形象，这类社交活动的形象设计可以突出时尚、个性，尽显青春活力与动感。

图7-23　传统社交与新型社交形象设计

三、运动形象设计

运动形象设计是指在运动的过程和场合中所涉及的形象设计,如晨练、郊游、登山、健身等运动环境中的形象设计。这类形象设计首先要符合运动的要求,主要体现在服装设计上,即穿着服饰后,个人在运动时要能享受舒适性与方便性;其次要具有相当的休闲性,要注重给人以健康、活力、积极、乐观的印象(图7-24)。

图7-24 运动形象设计

四、休闲形象设计

休闲形象设计,指在一些轻松而自在的随意性活动场合,如购物、散步、非正式约会、旅行等场合的形象设计。一般是以生活中的普通人为设计对象的,其环境是日常生活的场景。在休闲环境中,每个人的身心都应该是放松、自由、悠闲的,其形象应该保持自然状态,不拘束、不做作,使人感受到生活闲暇的一种美好(图7-25)。

图7-25 休闲形象设计

五、演出形象设计

演出形象设计是与生活形象设计相区别的一类形象设计,用于艺术活动的专门领域,包括舞台人物形象设计和影视剧人物形象设计。舞台人物形象设计包括舞台上主持人、演员、歌手、电视节目主持人、嘉宾等的形象设计,还有一些是为了时尚宣传而进行的服装发布会或彩妆、发型发布会等的形象设计。影视剧人物形象设计是专为影视剧中的人物进行特定的形象塑造,这类形象设计需要根据剧本要求或导演的安排及剧目的设定来完成,具有一定的局限性,通常以电视、电影这类媒介予以展现(图 7-26)。由于观众面对的不是舞台上活生生的人,而只是电视、电影中虚拟的图像,所以其形象设计还需要考虑到后期的修片及媒体播放环境等因素。

图 7-26　舞台与演出形象设计

六、创意人物形象设计作品赏析

参考文献

[1] 吴培秀. 人物形象设计[M]. 重庆:西南师范大学出版社,2011.
[2] 亓妍妍. 整体形象设计[M]. 合肥:合肥工业大学出版社,2010.
[3] 乔国华. 化妆造型设计[M]. 北京:高等教育出版社,2005.
[4] 崔唯,谭活能. 色彩构成[M]. 北京:中国纺织出版社,2003.
[5] 肖宇强,肖琼琼. 美容与化妆[M]. 合肥:合肥工业大学出版社,2014.
[6] 肖琼琼,肖宇强. 服装设计理论与实践[M]. 合肥:合肥工业大学出版社,2014.
[7] 于西蔓. 女性个人色彩诊断[M]. 广州:花城出版社,2003.
[8] 肖宇强. 形象色彩设计[M]. 合肥:合肥工业大学出版社,2017.
[9] 徐家华,张天一. 化妆基础[M]. 北京:中国纺织出版社,2012.
[10] 黄元庆. 服装色彩学[M]. 北京:中国纺织出版社,2010.
[11] 陈彬. 服装色彩设计[M]. 上海:东华大学出版社,2010.
[12] 黄申. 我们都爱玩发型[M]. 南宁:广西科学技术出版社,2011.
[13] 许星. 服饰配件艺术[M]. 4版. 北京:中国纺织出版社,2015.

后 记

人物形象设计伴随着人类的起源与发展,是一个历久弥新的课题。当其成为一门学科和专业后,更明确了自身的意义和价值。随着现代社会文明的高速发展,人们对形象设计中"美"的标准也在不断发生着改变。要想在一本书中体现出最新、最完整的形象设计理论和流行思潮是很难的。我们只有将那些准确的理论、经典的设计法则进行全新的诠释,并从时代的脉搏上预测与捕获未来时尚发展的动向,才能尽可能地充实和完善形象设计这门专业学科的内容,并以此理论为指导来提高学习者的审美眼光与实践动手能力。在本书的编写过程中,得到了湖南女子学院和金陵科技学院服装与服饰设计专业岑金惠、王潇婧、万佳、高洁、刘庆珍、林草兰等同学的帮助,她们为本书提供了大量的图片素材,感谢中南大学刘琦煜同学为本书所做的校对工作。

最后,向被本书援引或借鉴的国内外文献、图片、作品的作者们表示诚挚的感谢和深深的敬意。由于作者水平所限,书中难免出现疏漏和不妥之处,请同行和读者们不吝指正。

编者
2017 年 8 月